"发现微生物"丛书

失控的细菌

人类与超级细菌的博弈

中国科学院上海免疫与感染研究所 编著

上海教育出版社
SHANGHAI EDUCATIONAL
PUBLISHING HOUSE

编委会

主　编

江陆斌

副主编

贺俊薇

编　委

陈丰伟　张　帆　张晓明　晁彦杰　酒亚明　郝　沛
顾　萍　刘　汝　黄　萍

撰　稿

贺俊薇　黄　萍　朱亚茹　王晓静　宋雨荷　范昌远
李芳霞　蒋祎雯　周泊庄　高潇涵　李任翔　金文煜
郭佳欣　庞莉莉　王慧琳　王晓静　李　祥　曹未蔚
万佳欢

图片来源

本书图片由图虫网、视觉中国、壹图网等提供。

为生命健康插上创新发展的翅膀

人类对生命的认知，源于从生化反应的飞秒到生物演化的数十亿年广阔时间尺度的探索，源于从纳米长度的化学键到生物圈巨大空间尺度的研究。生物的微观极致是什么？是低矮的真菌子实体，是藏匿于毛孔中的细菌，是黏附在细胞膜上的病毒，还是穷尽显微极限的生物大分子三维结构和基因片段？人类在向太空深海迈进的同时，也在向微观世界进发。人类与微生物延续数百年的对抗以及对其的研究，是一条伴随着瘟疫流行、科技发展的崎岖道路。

无论病毒的微观结构多么复杂，科学也一定会有办法揭示出它的真相。人类为什么要坚决地向微观世界进发？因为微观世界里有我们打开未来的钥匙，有突破当前传染病防控科技瓶颈的关键。我国科研团队十八年以来在冠状病毒研究领域的长期坚守和积累，为我们解析和阐释新冠病毒一系列关键靶点的蛋白质三维结构，并开发具有临床潜力的药物和疫苗奠定了重要基础，这是抗击疫情取得成功的关键之一。

以我个人的研究领域而言，结构微生物学具有较大的挑战性，需要有坚实的数理化和生物学基础，其研究成果完全基于客观的实验数据。这些实验过程往往是枯燥无味、艰难耗时的，但这些来之不易的科研成果常常是非常奇妙的、令人振奋的。当那些微观但极其精妙的结构呈现在眼前的时候，能让人感受到震撼人心的科学之美。除了要让身处科研岗位的人感受这种美，科学家们也要让广大民众，尤其是青少年知道科学的美妙之处，这一项工作就是科普。一边科研，一边科普，是科学家们的责任与义务。让青少年了解科学，热爱科学，这对于解决世界性重大科学难题发挥中国的作用、发出中国的声音，是至关重要的。国外有许多优秀的科普作品，我们可以引进，但我们也应该有一批科学家把自己的知识凝练成原创科普作品，担负起国家科学教育的重任，培养科研的新生力量。从长远来看，只有把关键核心技术掌握在自己手中，才能从根本上保障国家经济安全、国防安全和其他安全。要解决国际科学前沿和国家战略所需的关键科学和技术问题，科研的后备军不可或缺，要循序渐进、细致稳妥地推动高等教育和科研体制的改革，筑牢"地基工程"。

"发现微生物"丛书将向公众尤其是青少年，系统地介绍这群不起眼的邻居——微生物的有关知识，让大家对它们有一个全面、正确的认识，从而树立科学的卫生观、自然观、生命观和世界观，在出现重大传染病或公共卫生危机时，能保持一种客观公正的态度。除了基本知识，丛书会通过亲历科学家的研究过程、新知识新技术的发现发明过程，激励读者增强创新意识、培养创新思维。当然，对于微生物，仍有很多未解之谜，书中也会涉及科学家在这些前沿领域的最新研究，激励更多的青少年投身到这项伟大而重要的研究中。

微生物，它们已经陪伴人类度过了无数岁月。微生物带来舌尖上丰富的滋味，也带来生灵涂炭的瘟疫。想要看清它们的面目，对抗甚至改造它们，无数仁人志士投身其中，在历史的长河中与它们周旋。我们是如何发现微生物的，微生物有哪些，它们有着什么样的特点，我们如何与它们相处……这些问题要在我们了解微生物的基础上才能得出一些答案。我们可以根据冰川、冻土与化石窥见微生物的过去，也可以使用先进的基因技术摸清微生物的底细，甚至可以利用来自微生物本身的技术改造微生物。基因测序、基因编辑、蛋白质组学、大数据，科技发展让微生物无所遁形。病毒、细菌、真菌……书本上一个个陌生的名词将在这里生动直观地展开，牵动身边飞速发展的科技元素，带你见证微观世界的旖旎风光。这里要强调的是，人类一定要能够做到与自然界的所有成员，包括病毒，"和平共处"。

中国科学院上海免疫与感染研究所的科研人员能在繁忙的科研工作之余，主动承担起向公众传播微生物知识的社会责任，这是非常令人敬佩的。"科技创新、科学普及是实现创新发展的两翼。"从某种意义上讲，做科普也是和科研同等重要的事情。科研可以让人类知道得更多，而科普可以让更多的人知道科学家已经和将要取得的成果，对于提升整个国家和民族的科学素养具有重要促进作用。

期待"发现微生物"丛书能够为激发青少年的好奇心和想象力点亮明灯，为营造热爱科学、崇尚创新的社会氛围添砖加瓦，让建设崇尚科学精神、树立科学思想的创新文化薪火相传。

是为序。

饶子和

2021 年 7 月 18 日

于清华园

科普是社会疫苗

做科普打"疫苗"

预防信息流行病

高福

2024年4月23日

世界读书日

目录

第四章　事前诸葛亮，事后司马懿
——人类与超级细菌的博弈及策略

超级细菌
——全人类的达摩克利斯之剑

> 但凡不能杀死你的，最终都会使你更强大。
>
> ——尼采

近日，加利福尼亚州又降温了。

广播里的新闻播报还在提醒着广大市民，又到了流感高发的季节，请大家注意防护。这场流感来势汹汹，已经给 20 世纪六七十年代的美国造成了严重的损失。

傍晚的风凉了很多，夜幕在不知不觉中落下，浓稠的夜色吞噬了远处的光亮，也掩去了一切声音，夜深了。

今天是杰茜入住重症监护病房（Intensive Care Unit, ICU）的第二天。本以为只是一场普通的"小感冒"，只要多喝水多休息，很快就会好起来。杰茜结束了近来高强度的工作，专心休息了两天，结果病情不但没有好转，反而越来越严重。在连续咳嗽了几天之后，体温竟达到了 40℃。连续两三天高烧不退，杰茜立即前往洛杉矶当地的医院就诊，经过初诊的检查和化验之后，杰茜被安排住院治疗。却不曾想，短短半日，杰茜的病情竟急速恶化，被紧急转入 ICU 治疗。

病床上的她被一台台精密的仪器环簇：手背、胳膊、胸腔、面部、脚趾……几乎身体的各个部位都插满了不同颜色的电线和输液管。杰茜已经昏睡了数小时，连续三天 40℃ 的高热和艰难呼吸让她几乎失去了睁开眼睛的力气，短短两天的时间里，杰茜的脸色从最开始就医时的高烧酡红变得灰青。

静谧的病房内只有各台仪器运行时规律的颤音，已听不到杰茜微弱的呼吸。一条条表征生命的图线时刻刷新着，闪烁的指示灯映在每一位医护人员的眼中，医生们的面色凝重，眉峰紧蹙。

"标本样本和 CT（computed tomography）复查的结果怎么还没出来？病人现在情况已经很危急了！"ICU 主任医师焦急地问。"报告会第一时间送过来的。"整个团队都在紧张地等待。

现在的杰茜大脑一片混沌，意识早已模糊，全身的感官只有痛觉被无限放大。"……"不太清醒的杰茜好像在嗫嚅着什么，但此刻她的嗓子撕扯般地疼，发不出声音，低氧状态使她全身的肌肉和关节都在酸痛。杰茜的口鼻与厚重的"铁肺"（呼吸机）相连，就在几小时前，呼吸机的支持水平已经调到极致，但即使是 100% 纯氧含量，也只能保证杰茜体内的氧分压勉强达标。

"检测结果出来了！"医院大楼住院部的走廊里突然响起一阵阵嘈杂的脚步声，伴随着密集的声声低语，医学专家们紧急会诊。

"患者高热不退，肺部有小片状炎症表现，提示肺部有明显感染。初检 6 小时后患者病情迅速恶化，胸闷气短，氧饱和度迅速下降，出现了呼吸衰竭。我们第一时间给予'铁肺'呼吸机辅助通气治疗，随后不断为她增加吸氧量，但她还是呼吸困难，胸口憋闷得快要窒息。"一位专家对杰茜目前的状况作了简要总结，"刚刚 CT 复查结果显示患者双肺几乎全部发生了实质性病变，炎症指标异常高。如果病情再继续恶化，就需要上体外膜肺氧合机（extracorporeal membrane oxygenation, ECMO）了。"专家们看着手里的报告，急切地讨论着。

主任医师凭借多年行医的经验，敏锐地察觉到了一丝线索，杰茜肺部感染的可能不是一般的病毒或细菌。面对迅速恶化的病情，团队立即组织了全院讨论，初步拟定了针对革兰氏阴性菌、革兰氏阳性菌以及流感病毒全覆盖的抗感染治疗方案，争分夺秒展开治疗。

"痰液培养结果也出了！病原生物是一种革兰氏阳性球菌——金黄色葡萄球

菌！"团队长舒了一口气——不是棘手的高致病性病毒就好。众所周知，抗生素作为20世纪"十大发明之首"，有良好的抗菌效果。

杰茜可能有救了！

团队第一时间细化了抗感染治疗方案，针对这种革兰氏阳性球菌展开了全方位"围剿"。随后，数名医护人员焦急地奔向那间灯火通明的重症监护室。杰茜迎来了她新一轮紧急的抗生素治疗。

一番用药后，医护人员谨慎地观察着仪器中的各项指标，密切关注着杰茜目前的身体状况。等待药效发挥的时间里，医生们轮流驻守在病床前。

天渐渐亮了……

"报告！病人体内血氧分压还在持续降低，已经低于机体最低标准了！"

整个团队气氛突然紧张起来，怎么会这样？明明选定的抗生素组合对治疗革兰氏阳性球菌具有很好的疗效，用药后病情为何还会继续恶化？来不及提出一系列疑问，主治医师当机立断："安排抢救，通知其他专家，召开紧急会诊。"

时间分分秒秒地过去，ICU主任和整个团队按照新的方案实施了治疗。两天两夜不眠不休的高强度治疗让诸位医生面露疲色，但所有人仍聚精会神地分析着各条数据，密切关注着杰茜的各项身体指标。

临近傍晚，警报再次拉响。昏睡的杰茜体征异常，出现了气胸和较为严重的气道大出血。在排查重要脏器时，发现心脏部位已经开始有被病原菌感染的迹象。这再次出乎了医疗团队的意料，也让整个团队的心沉入谷底。这次的病原菌来势汹汹，致病力和繁殖、转移速度超出了常见病原菌的水平。更可怕的是，现有的针对革兰氏阳性菌的抗生素已经全部用于治疗……

这类金黄色葡萄球菌仍然在杰茜身体中肆虐，杰茜的心肺功能日渐衰竭。如果不能及时扼杀这类病原菌，更多的器官将受到感染。所有的抗菌药物都用过了，但依然阻止不了"金黄葡军"的侵略步伐。明明生活在有抗生素的现代社会，却仿佛像在远古时期，只能听天由命。

凶恶的病原菌并没有留给医疗团队多少时间，以当前的医疗手段，团队已经束手无策，只能想办法为杰茜多争取一点时间。ICU 里，专家团队展开了一轮又一轮的紧急救治……

几天后，ICU 的灯熄灭了，杰茜最终还是没能等到医学奇迹。

这类特殊的金黄色葡萄球菌成了令医学界头疼的一大难题，甚至在后来很长的一段时间里都被列入了死神名单。

近四十年后，这类"死神病菌"重新造访了美国。大数据显示，美国 2006～2007 年流感季节出现的感染者当中，48 小时内的生存率仅为 63%，51% 的患者出现症状后平均在 4 天内死亡。人类将这类病原菌命名为耐甲氧西林金黄色葡萄球菌（MRSA），是一种毒力很强的细菌。MRSA 引起的肺炎患者大多为青少年，先期常常有流感样表现，病程呈爆发性。

经过多年的流行，MRSA 已经是一个广泛存在的典型耐药菌，存在于世界上几乎所有的大型医院中。MRSA 在危重病人——特别是 ICU 患者和长期住院、长期有伤口、留置各种导管的病人中普遍存在。因为金黄色葡萄球菌毒力强，感染 MRSA 后，如果治疗不及时或无效，医院内的感染患者死亡率相对更高。世界卫生组织（World Health Organization, WHO）报告显示，MRSA 感染患者与非耐药性感染患者相比，死亡的可能性要高出约 64%。

随着医学和生命科学的不断发展，万古霉素（vancomycin）、替考拉宁（teicoplanin）、利奈唑胺（linezolid）等一些有效针对 MRSA 的抗生素终于问世，MRSA 才得到了有效控制。

然而，杰茜这样的病例不是个例，世界上的很多地方都在发生这样的细菌感染事件。例如，2004 年的艰难梭菌事件，耐药、高致病性的艰难梭菌在北美和西欧流行，仅在加拿大魁北克一地的暴发就造成了重症患者 7000 名和死亡 1300 人的局面。

起初未能找出针对性的药物对抗这些细菌，人们将其归咎于医学发展水平的局限。之后，科学家们猜测这些高致命性的菌株之所以具有高耐药性，可能和温度、环境、经济条件等因素相关。然而，后续针对这些设想展开的研究，并未取得有说服力的结果。伴随着高耐药性菌株的相继出现，科学家们逐渐发现这些病例所在的地区有点特殊，似乎大部分都出现在抗生素广泛使用的地区，比如一些抗生素高产的发达国家、医院内部……

这些"超级细菌"背后的谜团被缓缓揭开。相关研究迅速展开，真相也很快水落石出：抗生素的滥用是产生超级细菌的源头。

抗生素是 20 世纪"十大发明之首"。在过去的半个多世纪，科学家们陆续发现了近万种抗生素——天然的、合成的，而且不断更新换代。抗生素快速杀菌的特性迎合了人们治疗求快求特的心理，使其使用率大大增加。而一些细菌会在完全随机的情况下，逃离抗生素的狙击进而产生耐药性，再通过细菌与细菌之间的交流，把这种耐药的特性复制传播。最终，这种细菌会发展成为完全耐药的超级细菌。而人类自身的免疫功能在这种细菌面前，是不堪一击的。细菌对抗生素产生了良好的抗性，而新抗生素的研制速度远远赶不上耐药菌的产生速度……

近年来陆续发现的超级细菌还包括抗万古霉素肠球菌、耐青霉素肺炎链球菌、多重耐药结核杆菌、碳青霉烯类耐药肺炎克雷伯菌等，而目前药理效力最强的几类抗生素都在这些超级细菌身上收效甚微。

超级细菌，已经成为一把悬在全人类头上的达摩克利斯之剑……

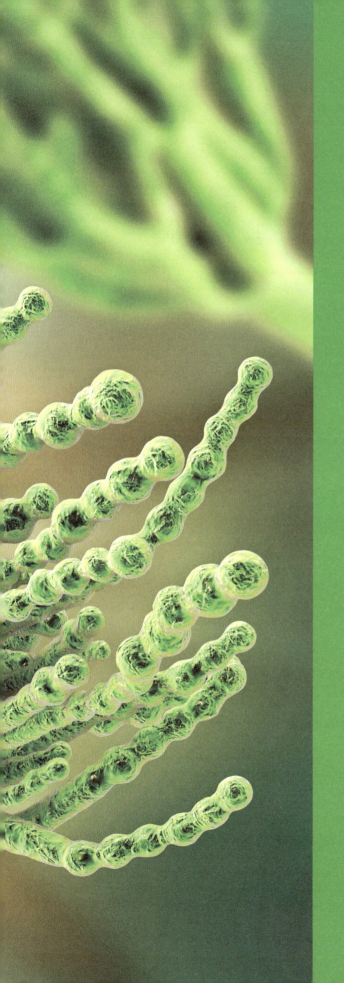

第一章

百年抗菌，捷报频传

——抗生素的发现与使用

一、各路英才，临危受命

　　我们生活的环境中存在着各种各样的细菌，很长一段时间里我们只能采用高温、高压、紫外线等物理方法或使用某些药物等化学方法杀死有害细菌。但它们一旦突破皮肤、黏膜等外层免疫防线之后，人体防御机制往往就无能为力了。一个小小的伤口、一次寻常的感冒、一顿粗心的饮食……都可能会给细菌提供可乘之机，甚至造成严重的感染。而痢疾、伤寒、破伤风、肺结核等细菌性疾病，带来的危害更加致命：不仅会造成患者机体受损、死亡，而且还会传染他人，给社会带来极大的损失。

　　进入 20 世纪，自然科学的进步带动了医学研究的发展，人们对健康生活也有了更高的追求。寻找让人类脱离死神虎口的治病良药，成了社会发展的迫切需求——各行各业的英才们开始行动起来了……

"粗心"的弗莱明与霸道的青霉素

　　1928 年 9 月 3 日，结束了休假的英国科学家亚历山大·弗莱明（Alexander Fleming）匆匆赶回实验室，当他正要清理放假前就准备丢弃的细菌培养皿时，他的前助理默文·普莱斯（Mervyn Price）前来看望他，两人有一搭没一搭地聊着天。普莱斯询问起弗莱明最近忙碌的事情，于是弗莱明随手拿起未清洗的培养皿准备给普莱斯看，却惊讶地发现本来培养葡萄球菌的培养皿上有一块霉菌，而霉菌的边缘是一个透明状圆环——在其他部分已经长满的葡萄球菌并没有在这一个圆环中生长，甚至像退避三舍一般避免与霉菌"接壤"。借助显微镜进一步观察，弗莱明发现原来霉菌周围的葡萄球菌菌

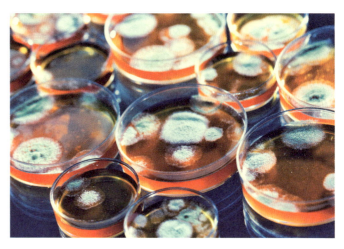

带有青霉菌落的培养皿

落都被溶解了，这可能意味着是霉菌产生了某种物质溶解了葡萄球菌。

后来弗莱明通过和研究真菌的同事查尔斯·拉·图什（Charles La Touche）合作，鉴定出这种霉菌是青霉菌属的一种，并暂时称之为"红色青霉"（P. Rubrum）。作为某个哮喘项目的研究者，查尔斯在实验室里培养了不少这种的青霉，但并未发现类似的现象。因此，大家推测长在弗莱明实验室的霉菌孢子极有可能是从查尔斯实验室飘来的。

随后，弗莱明开始了一系列标准的实验对这一现象进行研究。不久他就获得了这种真菌分泌物的提取浓缩液，命名为"霉菌汁"（Mould juice），后来又改称"青霉素"（Penicillin）。但浓缩液里含有太多杂质，只能用于实验，不能草率地注射到人体内，而且很难大量生产，这也使得弗莱明研究青霉素的热情逐渐消退。1929 年 6 月，弗莱明将自己的实验结果总结为医学论文《关于青霉培养物的抗菌作用——特别是它们在分离流感嗜血杆菌中的应用》（*On the antibacterial action of cultures of a penicillium, with special reference to their use in the isolation of B.influenzae*），发表在《英格兰实验病理学杂志》（*British Journal of Experimental Pathology*）上，作为他对青霉菌研究的总结。此后，他仍然探索并培养了能得到高产量青霉素的青霉菌株，并一直传代，并且证明了青霉菌是独一无二的，其他霉菌并无此功效。

琼脂板上的青霉霉菌

虽然弗莱明发现青霉素的故事，总被赋予"无心插柳"的传奇色彩，但机会总是留给有准备的人的。事实上，早在一战时期弗莱明在法国前线参军时就发现：由于伤口得不到及时处理，很多受了"小伤"的士兵最终也会失去生命。自那时起，他就开始探索如何在不伤害机体的前提下杀灭细菌。在寻找杀菌药物的研究中，弗莱明发现了一种存在于唾液、眼泪、黏液和蛋清中的天然物质，具有抗菌作用，他称之为"溶菌酶"（lysozyme），遗憾的是溶菌酶的杀菌作用不强，对多数病原菌没有作用，而且很难提纯和浓缩。不过这倒是让弗莱明留下了一段追着实验室的人要眼泪的趣谈。

弗莱明阅读文献时，对1927年发表的关于金葡萄球菌变异的文章产生了兴趣。文章认为将培养皿中培养的金葡萄球菌于室温下放置五十多天后，会得到很多变异菌落，甚至有白色菌落。于是他决定重复一下这篇论文的发现：那段时间内，不管是为了观察变异菌落而培养的细菌，还是为了其他研究而培养的细菌，弗莱明在清洗之前都会将这些培养皿在室温下放置一段时间，待仔细观察是否有"变异细菌"产生后，才会彻底清洗掉。

据后续资料显示，弗莱明外出度假的时期（大概是7月28日至8月10日），伦敦恰好有一段十分难得的凉爽天气，极其适合青霉菌先行生长成熟，并产生青霉素。而8月10日以后明显升高的气温则有利于葡萄球菌的快速生长，以至于发生了后来的溶菌现象。

不得不说，青霉素的发现的确是占尽了"天时、地利、人和"。但是当我们细细品味整个事件的前因后果，就会发现并不是一个机遇性的观察促成了伟大的发现，而是长期有目标的积累带来的突破性顿悟。何况，从发现到应用的道路总是漫长而崎岖的。这篇让弗莱明最终获得了诺贝尔生理学或医学奖的论文，在发表后的很长一段时间内，并未引起太多注意，不但领域内没有跟踪研究，就连弗莱明本人也放弃了。因为青霉菌很难培育，即使培育成功，其分离也更加困难，而且提纯得到的青霉素在人体内存活的时间也很短，不足以杀死细菌，所以当时青霉素在人体上的试验基本是失败的。

直到 1940 年，弗莱明看到了著名的医学杂志《柳叶刀》（*Lancet*）上发表了一篇题为《化学治疗试剂：青霉素》（*Penicillin as a chemotherapeutic agent*）的论文，主要内容是提纯青霉素能有效治疗实验小鼠的酿脓链球菌（*Streptococcus pyogenes*）感染。这让他很激动，因为这篇文章不仅证明了青霉素对动物有效，而且也解决了青霉素提纯的问题。事实上，弗莱明放弃了对青霉素的进一步研究以后，还坚持对青霉菌株进行了 12 年的传代，但始终没能提纯到足够用在实验动物身上的剂量，毕竟他不是化学家，他"无效的"蒸馏技术导致提取到的青霉汁药效不尽如人意。

于是，弗莱明决定去拜访论文的作者们——牛津大学霍华德·弗洛里（Howard Florey）实验室的恩斯特·鲍里斯·钱恩（Ernst Boris Chain）等人。遗憾的是，弗莱明发现牛津团队和自己面临的问题一样，都无法获得足够量的青霉素进行深入研究。直到 1941 年上半年，牛

亚历山大·弗莱明工作照

扫码了解有关弗莱明的精彩故事

津团队终于获得了足够量的青霉素，并使用在了一名牛津警察的身上。最初结果是惊人的立竿见影，病人的脸原本已肿胀不堪，伤口深度感染，但在接受青霉素静脉注射后的一天之内，他高烧退去，症状也逐渐消退。然而一个月后，由于使用量超过了团队的储备量，这名警察还是离开了人世。虽然最终的结果是不幸的，但仔细分析后会发现药效是显著的，只是奈何剂量不足，更何况当时注射的青霉素纯度大概只有 5%。这让牛津团队意识到目前的方法无法在数量和纯度上有突破，需要政府和企业的资金来支持后续的研究。

然而当时英国已经卷入了二战，所有的资源都倾向军队。企业的精力也都投入到磺胺这类合成药上——尽管在实际使用中已经发现当脓血存在时磺胺药物无效。加上战争因素，没有一家机构或企业愿意资助牛津团队在英国继续研究。直到 1941 年 7 月，弗洛里在洛克菲勒基金会的资助下带着团队中的诺曼·希特利（Norman Heatley）来到了美国。

在美国挚友和专家的帮助下，弗洛里和希特利在美国伊利诺伊州皮奥里亚的北方地区研究实验室，利用研究玉米浆的深罐培育青霉菌，将青霉素的产量从每毫升 2 个单位提高到了 20 个单位！

新设备发挥作用以后再要提高产量，就要考虑寻找新的菌种，因为当时所用的青霉菌株仍然是弗莱明传代的那株。于是北方实验室的科学家们到处寻找新的菌种，最终在农贸市场的一只烂哈密瓜上找到

腐烂柑橘上的青霉菌

了高产的菌株。这株青霉菌的产量提高了上百倍！但科学家们并不满足，他们通过 X 射线和紫外线对菌株进行诱变。简单来说，这些射线会对青霉菌的 DNA 造成损伤，引起基因突变。这些突变大多数对青霉素的产量没有影响，有的甚至会导致青霉素产量降低，但是也有突变会提高青霉素的产量。最终科学家分离到的菌株，将青霉素的产量提高了 750 倍！

实验室还有其他科学家致力于摸索促进霉菌生长的理想条件，发明、改进能提高产量的设备。在北方实验室雄厚的财力和人力加持下，青霉素的生产水平不断提高。

1942 年 3 月，美国利用青霉素成功治愈了一名链球菌败血症病人，但是耗费了全美青霉素产量的一半。不过令人振奋的是到了 6 月份，青霉素的产量就足够治疗 10 位病人了。1943 年 5 月之前，美国还只能生产出 400 人剂量的青霉素，但到 1944 年 6 月，美国就为诺曼底登陆准备了 230 万人剂量的青霉素。最令人欣慰的是伴随着产量的上升，价格也在不断下降，1943 年一个剂量要 20 美元，只有生命垂危的伤员才能使用。但到了 1946 年每个剂量的成本只有 55 美分了。这意味着有更多人能获得治疗机会，挽救生命。

"霸气"的青霉素开启了人类的"抗生素新纪元"。

知识窗

抗生素

抗生素（antibiotic）是由细菌、霉菌或其他微生物产生的代谢产物或人工合成物，对部分微生物的生长和繁殖有抑制作用，影响其正常生命活动，起到抑菌或杀菌作用。抗生素和抗菌素的英文都是 antibiotics。由于"anti"的含义为"抗"，而"bio"的含义为"生物"，故翻译成中文时最初为抗生素。但当时人们对抗生素的认识只局限在对细菌类微生物的抑制和杀灭作用，因此有段时间也被叫作"抗菌素"。但随着有关研究不断深入，发现抗生素在"抗菌"的基础上还有抗病毒、抗真菌、抗支原体，甚至"非抗菌"的抗肿瘤功能等。因此抗菌素被认为是抗生素中的一类，或者说"抗生素"的叫法更确切地表达了其本质意义：由某些微生物产生的、能抑制微生物和其他细胞增殖的物质。

实践证明，那些曾经的不治之症，如猩红热、化脓性咽炎、白喉、梅毒、淋病以及各种各样的结核病、败血病、肺炎、伤寒等，都得到了有效的治疗。同时能在各类手术中广泛应用，保障了手术的成功，提高了各类疾病的治愈率。据报道，1938 年到 1956 年期间，青霉素的使用使人类的平均寿命从 40 岁延长到了 65 岁。

"感谢青霉素"的宣传画

青霉素在治疗战伤方面的奇妙功效扭转了战争的局面——在此之前，感染对士兵生命的威胁甚至超过了战争木身。比如一战期间，细菌性肺炎的致死率是 18%，而到了二战期间，已下降至不足 1%，这都是青霉素的功劳。一幅题为《感谢青霉素让伤兵可以安然回家》的宣传画更是点明了青霉素的重要性。

青霉素的"霸气"主要归功于它的杀菌原理。大部分细菌属于原核生物，因此最外面是一层细胞壁，青霉素能破坏细胞壁主要组成成分——肽聚糖的合成，让细菌无法合成出完整的细胞壁，导致细菌膨胀、破裂和融化，从而杀死细菌。而人类是真核生物，没有细胞壁，因此青霉素是不会伤害人体细胞的。

迷你剧场

我们革兰氏阳性菌和大部分细菌一样，最外层的细胞壁就像城堡厚厚的城墙，维持了我们的外形。内部的细胞膜就像训练有素的军队，加固了我们的防御系统。这套高度复杂的多层级防御系统，让我们在生存和永无止境的繁殖竞争中胜出。直到人类找到了我们的敌人，把他们产生的武器据为己有来对付我们……

老兄，你也说了竞争永无止境。我们青霉素能一脚踢开你的肽聚糖合成酶，抑制你的细胞壁合成肽聚糖，直接让你的细胞壁缺损，让大量水分进入你体内，当然会把你杀掉。可我也没想到人类的细胞没有细胞壁只有细胞膜，毕竟青霉素是特异性武器，对细胞膜没影响，哎，让人类占便宜了。

你太小看我们了！你有攻击武器，我们当然有防御能力。别忘记我们不但能通过随机突变演化出防御能力，还能和外来细菌直接"接合"来传递遗传物质。换句话说，我们对抗生素的抗性不但能直接遗传给后代，还能分享给对该抗生素同样敏感的朋友。

我当然知道，不过我没想到的是人类也能预测到！弗莱明真是一位天才，尽管青霉素给人类带来了福音，也给他带来了荣誉，但他居然同时也是对细菌耐药性发出警告的第一人！

青霉素作为人类历史上第一种抗生素，它的发现意义深远。不但开启了对其他抗生素发现和使用的新纪元，也为工业化发酵技术提供了标准化流程。说到底，青霉素的发现和应用得益于现代科学体系的发展，与原子弹、雷达并列第二次世界大战中的三大发明。而与后两者不同的是，青霉素用于挽救生命。

中国青霉素制造之路

青霉素在我国是怎样诞生的呢？

其实，早在中国的唐朝（公元 618 年—公元 907 年），首都长安城里的裁缝就会将糨糊上面的绿毛涂在被剪刀划破的伤口上，让伤口尽快愈合。李时珍在《本草纲目》中也有使用霉豆腐渣治疗恶疮和肿毒的记载。可是，由于没有现在科学体系作为支持，我们的老祖宗只停留在了对这些现象的观察阶段。试想一下，不管是涂糨糊，还是涂豆腐渣，要多好的运气，才碰巧遇到上面长的绿毛正好是青霉菌呢？

1944 年 1 月，当时在美国留学的农业微生物学家樊庆笙借助美国医药援华会（American Bureau for Medical Aid to China，ABMAC）对中国抗日战争捐助的机会，随身携带着三支青霉菌菌种乘坐美国的运输船，历经艰辛于当年 7 月到达印度，又经当时的抗日专线驼峰航线飞回到了昆明。到达昆明后，樊庆笙迅速加入由当时的中央防疫处处长、我国著名的细菌病毒学家汤飞凡领导的青霉素研制小组。他用在美国学得的基础知识和最新实验方法，与病毒学家朱既明合作，克服种种困难，终于在当年年底，制造出了 5 万单位 / 瓶的青霉素，开启了中国的青霉素制造之路。今非昔比，2001 年底，中国的青霉素年产量就已占世界青霉素年总产量的 60%，居世界首位。

1945 年，亚历山大·弗莱明、霍华德·弗洛里（Howard Walter Florey）和恩斯特·钱恩（Ernst Boris Chain）共享了当年的诺贝尔生理学或医学奖。他们获奖实至名归，并且在青霉素造福全人类历程中发挥作用的每一位科学家，以及他们具有的科学精神、科学方法和科学体系，都是值得我们纪念和学习的。

神奇的染料百浪多息与磺胺

1935 年 12 月的一个夜晚，德国科学家格哈德·多马克（Gerhard Johannes Paul Domagk）像往常一样回到家里，活泼可爱的女儿玛丽却并没有跑来拥抱他，而是正躺在床上发烧。原来几天前玛丽在制作圣诞节的装饰品时，拿着缝衣针想请妈妈帮她穿针引线，不巧在楼梯上摔了一跤，手里的针扎入掌心并断裂开，留了针头部分在掌心。尽管多马克立刻带着女儿去了医院，医生也及时取出了断针，伤口看着并不大，但在当时这可是一件不能掉以轻心的事。

全家人小心翼翼地照顾着女儿，不幸却还是降临了。女儿非但没有丝毫好转，反而发起了高烧，意识也开始模糊，接着还出现了全身抽搐不止和间歇性休克的现象。短短几天，感染就恶化成了败血症。六岁的女儿高烧不退，生命岌岌可危。面对失控的病情，医生建议截肢，这对多马克一家而言无异于五雷轰顶！怎么办？作为一名正在研究抗菌药物的研发人员，难道要眼睁睁地看着女儿因感染而截肢，甚至离开这个世界？

此时多马克的职业素养让他想到应该先确认一下女儿到底感染了哪种病菌，于是他把女儿的伤口渗出液和血液涂抹在玻璃片上制成人血涂片，在显微镜下进行了观察和分析，很快确认了女儿伤口感染的是链球菌，也是他进行实验动物感染时经常使用的一类病菌。多马克不由产生了一个大胆的想法——将他在实验动物体内已经证明能成功对抗链球菌感染的"百浪多息"给女儿服用，毕竟进行动物实验使用的菌株毒性远大于人体通常感染的菌株。但是多马克比谁

人血涂片中革兰氏染色的链球菌

都清楚这并不是一个容易的决定，因为在动物身上试验成功并不意味着在人体中也一定成功。毕竟当初多马克给小鼠注射这种红色染料时，不管是葡萄球菌、大肠杆菌，还是链球菌，它在试管实验中可是一点抗菌作用都没显示出来。

不过科学本就是大胆设想，小心求证。多马克不仅做了"百浪多息"对抗链球菌感染的动物实验，也对这种化合物在动物活体中的毒性进行了研究，他发现小白鼠和兔子的耐受量为每千克体重500毫克，即使给予更大的剂量，最多也只是引起呕吐，说明百浪多息对动物活体的毒性很小。

此刻女儿危在旦夕，多马克也在痛苦地思索着：到底是用还是不用？如果成功，不但挽救了女儿的性命，还能证明"百浪多息"能够用于人体。可如果失败，那是无法想象也不敢想象的后果……

最终多马克还是从实验室拿来了两瓶"百浪多息"，怀着复杂的心情给女儿服用了比实验室使用剂量更大的"百浪多息"。

时针在滴答滴答地转动，似乎没有什么变化，多马克的妻子抽泣起来，巨大的压力令人窒息……

"玛丽？玛丽！"多马克喃喃地呼唤着女儿，企图缓解此刻内心的焦灼。

直到第二天，女儿终于睁开了双眼"爸爸……"，多马克简直不敢相信自己的眼睛。女儿得救了！自己像农夫耕地一样逐个试验出来的抗菌药对人体是有效的！这意味着它不但挽救了自己的宝贝女儿，还将挽救千千万万个生命，同时也能挽救他们的家庭！在服用了百浪多息大概一周之后，多马克的女儿已经完全康复了，并在圣诞假期之前返回了家中。

当然，多马克进行的很多违规操作是不值得学习的，比如私自从实验室带回实验化学品，在无任何许可下用儿童做"人体实验"等。

其实，在科学发展史中，有不少科学家都是首选自己的子女或其他亲人"试药"。这不能简单地理解成"赌一把"或者"为科学而疯狂"，只是在当时制度、流程、伦理等尚不健全的情况下，科学家基于自己的专业知识

格哈德·多马克工作照

和奉献精神做出的选择。当然，如果从另一个角度来看，科学家的亲人又成了最先从科学研究中"获得科学保护"的群体，就好比农夫的孩子能最先品尝到新鲜的果蔬一样。我们不必对此过度解读，更不应刻板曲解，而是应该尊重历史，感恩前辈做出的奉献。

不过多马克的确算是一位具有"锦鲤体质"的幸运儿。他 1895 年出生在德国一个叫拉哥的小镇（后归属波兰），父亲是一位小学教员，母亲是农家妇女，虽然家境贫寒，但他们培养了多马克爱好知识、能吃苦的优良品质。多马克 14 岁时，他的父亲成了小学的副校长，他才有机会上小学，尽管如此，小多马克还是凭借自己的聪明才智和刻苦学习，在上大学之前不停地跳级，19 岁时以优异的成绩被吉尔大学医学院录取。

然而没过多久，一战就爆发了，多马克成为一名步兵。上战场没多久，多马克就显现出了锦鲤体质，一枚子弹击中了他的头盔幸而只是擦伤了他的头皮。不过在战场上不流血似乎不太可能，多马克最终因被流弹击中背部而告别了步兵生涯。在短暂的培训之后，他成了医疗队的一员。

在医疗队中，多马克见识到了战争更为残酷的一面——没有抗菌药的年代，士兵一旦受点伤，不论大小基本都会被感染，最后不得不接受残酷的截肢手术，

但手术之后大部分还是会失去生命。而医生给出的对策无非就是多切除一些组织，即把伤口周围四分之一英寸一并切除，然后再进行抗菌处理。具体做法就是先切开伤口，清理伤口里面的异物、坏死组织；然后用漂白剂和硼酸反复清洗，同时每天检查伤口里面是否有细菌。若是截肢手术，则要在术后每隔两小时用抗菌剂清洗10分钟。当时的抗菌剂刺激性十分强，溅到床单上都能烧出个洞来。所以这种"切切切"加"洗洗洗"的抗菌方式，堪称"凌迟"，令人胆战心惊！

更何况战争所到之处，霍乱、斑疹、伤寒及其他各种传染病肆意横行，医生们也是束手无策，只能眼睁睁看着病人日渐虚弱并痛苦地死去。

知识窗

破伤风杆菌

革兰氏阳性菌，属于厌氧菌。一般生长在厌氧环境中，比如泥土、粪便以及生锈的铁钉中。因为形似梭形，又称"破伤风梭菌"。被感染发病后，机体呈强直性痉挛，甚至会因窒息或呼吸衰竭而死亡。破伤风杆菌对青霉素敏感，磺胺类对其有抑制作用。

迷你剧场

人类这种生物和细菌同为地球上的居民，可是他们一直不安分地在改天换地，填海削山，简直好像是地球的主人一样。但是，我们破伤风杆菌并没有被人类看似扭转乾坤的气势吓到，因为只要我们瞅准时机，派几个小兵驻扎到人体，就算他是"力拔山兮气盖世"的西楚霸王，也会因为伤口感染而丧命！

这段从军经历让多马克对人类在细菌面前的脆弱印象深刻。1918年战争结束以后，他返回学校继续学业，1921年通过了国家医学考试，取得了医学博士学位，随后受聘于明斯特大学，成了病理学及细菌学的一名讲师。没多久，多马克的"锦鲤体质"再次"显灵"。他乘坐火车时，因口渴而趁中途停车时下车找水喝，然而就在他下车后短短的几分钟内，他乘坐的火车被后面的火车追尾，造成48人死亡。这次大难不死后，他终于鼓起勇气向谈了九年恋爱的女朋友求婚，建立家庭，而后养育了三个孩子，开启了科研、家庭两手抓的生活模式。但枯燥的科研带来的收入并不足以养活家庭，他们的日子总是过得紧巴巴的。因此多马克在几家大学和研究机构之间换了几次工作，最终在1927年，他应聘成为一家染料公司的实验病理学和细菌学实验室主任。

也许大家会觉得奇怪，一家染料公司怎么会有实验病理学和细菌学实验室呢？

其实，早在1856年，就有科学家发现紫色染料可以穿过细菌的外壳，让细菌着色，后来还有科学家观察到染料能抑制细菌的生长。德国科学家保罗·埃尔利希（Paul Ehrlich）就是其中一位佼佼者，他师从发现结核分枝杆菌的、能与法国路易·巴斯德平分秋色的罗伯特·科赫（Robert Koch）。埃尔利希发明了结核杆菌的抗酸染色法，在染色白细胞的时候又观察到细胞颗粒的不同，也因此发现了嗜酸性粒细胞。在这些研究过程中，他想到了一个"天才问题"：既然某些染料可以选择性地给病原体上色，那是不是某些物质也可以选择性地附着在病原体上并杀死它们呢？顺着这一思路，他用自己钟爱的染料开始尝试，直到团队试验到编号

保罗·埃尔利希

为"606"的药物（砷凡纳明）时，发现该药物能有效治疗梅毒，由此开创了化学治疗时代：即某种药物可以靶向某个特定细胞，同时其他细胞不会受到伤害。遗憾的是"606"的应用与保罗·埃尔利希的预期相去甚远，因为它的副作用大并且只能用于治疗梅毒。虽然埃尔利希获得了1908年度的诺贝尔生理学或医学奖，但他直到去世也没能找到其他能治疗细菌感染且副作用不大的药物。也正因如此，当时的德国科学家都有着深深的染料情结。

在前人的研究基础上，多马克意识到了一个重要的问题：既然制造新药的目的是杀灭感染人体的病原菌，让人体不受伤害，那么仅在试管中试验药物的抗菌作用是远远不够的，必须要在受感染的动物身上观察。这个崭新的观点将医药研究工作从试管里解放出来，为寻找新药指明了正确的方向。

鉴于当时链球菌感染十分普遍且致命，多马克选择使用链球菌建立感染动物模型。但是链球菌种类繁多，种属间的致病性也千差万别，总不能每一种都试吧？多马克根据长板理论，果断选择了毒性最强的一种链球菌来构建感染动物模型。经过几个月的不懈努力，多马克终于找到了一种菌株，其培养液稀释十万倍后仍能在两三天内将感染的小鼠全部杀死。

至此，链球菌感染动物模型建立成功，下一个关键环节就是对几千种染料进行筛选。这注定是一件繁重且容易让人丧失信心的枯燥工作。

各色染料粉末

多马克团队的研究策略是先选择一类染料物质，由团队中的化学家约瑟夫·卡莱尔以这类物质为核心不断修饰、加减基团来合成新的化合物，再利用多马克的链球菌感染动物模型筛查实验的抗菌效果。这个模式其实是顺着埃尔利希的染料思路进行的，毕竟同公司的威廉·罗勒——埃尔利希曾经的得力助手，就是用这个模式成功研发了抗锥虫的日耳曼宁和抗疟疾的扑疟奎宁。然而4年过去了，多马克团队不厌其烦地尝试了超过3000种化合物，却无一例外都失败了，成千上万只感染了链球菌的小鼠相继死去，期待中的新药却迟迟没有出现。但性格坚毅的多马克并没有气馁，他想到埃尔利希当年发现红色的偶氮染料对锥虫有效，决定探索一下这些红色染料能不能也用来对抗链球菌。于是他开始了以偶氮染料为核心的实验，结果几个月来依旧屡屡失败。这时公司的高管、苯巴比妥的发现人之一——海因里希·赫连根据自己早年在硫方面的工作经验，建议多马克和卡莱尔在偶氮染料中加入硫。因为赫连认为硫可以起到黏合作用，也许能提高偶氮染料的抗菌能力。

纯净的硫为黄色晶体

多马克团队接受了赫连的建议，卡莱尔从1932年10月初开始往偶氮染料里加硫侧链，使用的是对氨基苯磺酰胺，简称磺胺。磺胺比其他化学原子更容易和偶氮染料结合，在染料方面使用了近20年。专利是维也纳化学家保罗·盖尔莫在1909年申报的，此时早就过了专利期，因此价格非常便宜。于是，偶氮染料和磺胺就这样被科学家们安排在了一起。

很快好消息传来：卡莱尔合成的几种化合物中，编号为KI695的化合物在试管实验中没有显示出一点抗菌作用，但对感染了链球菌的小白鼠却取得了很好的治疗效果。

此时大家都十分谨慎，生怕这只是一次巧合。因此他们没有马上公开消息，而是再三确认实验结果。多马克把卡莱尔之前合成的几种化合物又重新做了实验，结果还是只有KI695有效。卡莱尔又新合成了几种类似的化合物，发现一种深红色不溶于水的编号为KI730的化合物最有效，甚至比KI695还有效！于是公司又将精力集中在KI730，准备为它申请专利，并将"Streptozocin"作为该化合物的商品名。

但关于 KI730 大家还有很多疑惑，比如一般来说化合物往往在体外有效，在体内无效，而 KI730 却正好相反——只对链球菌有效，对其他细菌无效或效果很弱。通常染料药用副作用很大，KI730 却偏偏一点也没有……

为了解开这些谜团，多马克团队对其结构进行改造，发现只要把磺胺放对地方，偶氮染料就有抗菌作用，于是他们认为偶氮染料是核心，磺胺则是起某种转化作用的钥匙。直到 KI821 出现，该化合物是将磺胺连到了非偶氮染料上，结果其抗菌作用和 Streptozocin 一样完美。这意味着真正发挥抗菌作用的是磺胺。遗憾的是，公司需要的是具有药效的、自己合成的化合物，而不是磺胺这种过了专利保护期的便宜货。所以公司对 KI821 的结果没有上心，多马克也没有多事，谁料这却成了后来的隐患……

1934 年 12 月 13 日，公司申报的专利获得批准，Streptozocin 也有了自己的新名字"Prontosil"（百浪多息）。

神奇的百浪多息

当时没有严格的临床实验一说，基本是多马克给熟悉的医生一些样品，供他们在某些危急时刻试用。可世事难料，多马克没想到自己的女儿竟也成了一位试用病人。

在此之后，多马克完成了一系列有关的临床应用研究，并把女儿的案例也作了详细介绍。后来实验发现，它对葡萄球菌和淋球菌也有效果。虽然一开始有来自各方质疑的声音，但很快就被"百浪多息"良好的疗效平息了。特别是在被百浪多息挽救的成千上万的生命中，有一位名叫小富兰克林·德拉诺·罗斯福（Franklin Delano Roosevelt, Jr.）的年轻人，他的父亲正是当时的美国总统富兰克林·德拉诺·罗斯福（Franklin Delano

Roosevelt）。一时间"百浪多息"声名大噪，成为世界上第一个商品化的合成抗菌药，开启了合成药物化学发展的新时代。它的成功也吸引了无数优秀的化学家和医学家投身这个领域，并开创了合成化合物发展的新纪元。

炙手可热的百浪多息

科研发展往往并非一帆风顺，常伴随着激烈的竞争。

法国巴斯德研究所的药物化学部主管欧内斯特·富尔诺（Ernest Fourneau）并未甘心认输。作为一名法国人，他秉承着巴斯德前辈"科学没有国界，科学家有祖国"的精神，一生致力于振兴法国的制药业，他的主要手段是利用德法两国专利法的漏洞，破解德国药的配方，让法国药厂生产，再低价销售，让德国的制药公司在法国无利可图。

这次富尔诺盯上了百浪多息。作为一名化学家，他认为百浪多息"只在动物实验中有效，而在体外实验中无效"的反常表现，肯定大有乾坤。而此时忙着赚钱的德国公司早就对此置之不理了，正给了富尔诺展示科学家打破砂锅问到底精神的机会，一定要亲自用实验来揭秘。于是，富尔诺团队准备了40只小鼠，4只小鼠为一组：1组空白对照，1组百浪多息，7组巴斯德所自己研制的类似物，再加一组磺胺作对照，正好10组。小鼠在感染了链球菌以后用药物处理，没想到最后10组小鼠中有三组活了下来，意料之中的百浪多息组，巴斯德所自己合成的一组，还有一组居然是磺胺组！团队成员简直不敢相信自己的眼睛，怀着激动的心情赶紧进行重复实验。经过多次重复，实验结果一致：真正产生抗菌效果的并不是红色的染料，而是无色的磺胺！同时，百浪多息在体外无效，体内有效的问题也迎刃而解，因为只有在生物体内酶的作用下，磺胺才会被释放出来！

至此，法国人不但终结了德国人的"染料时代"，还开启了药物生物活性的新篇章。

该实验的相关论文在1935年底发表，但却并没有引发多大的反响，德国制药公司也未对此作出回应。这多少让法国人有些失望，原以为的一剑封喉，实际却成了铁拳打在棉花上。究其根本，就是磺胺不能申请专利，制药公司无利可图，所以对此兴趣不大。德国公司则因为百浪多息的品牌已经得到了广泛认可，在强推百浪多息的同时研制磺胺类药物，并取了和百浪多息相近的名字，让普通人搞不清楚其中的差别。显然，这个营销策略很成功，百浪多息的真相并没有击倒德国公司，相反，百浪多息已成了赚钱效力仅次于阿司匹林的药物。

至于多马克本人，百浪多息毕竟是人类第一个合成的抗菌药物，更何况如果没有这个药，他可能会失去自己的女儿。比起这些荣誉，用自己研发的药物挽救了自己的女儿已经是作为父亲最大的成就了。

如今，磺胺药物因为具有较广的抗菌谱，疗效确切，性质稳定，便于长期保存等优点，仍被广泛使用，是仅次于抗生素的一大类药物。尤其是高效、长效、广谱（能够抵抗大部分细菌）的新型磺胺和抗菌增效剂合成以后，磺胺类药物的临床应用范围就更加广阔了。

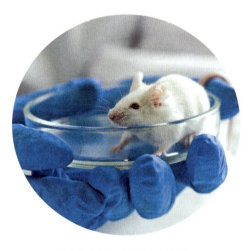

科研中用于实验的小白鼠

虽然现在回头看，会觉得将红色染料和磺胺连在一起有些画蛇添足。然而在当时的历史背景下，谁又能灵光乍现想到去探索磺胺的新功能呢？百浪多息的发现看似歪打正着，实际上却是多马克等众多科学家顺着前辈们的科学探索之路，历经无数次的失败，凭借"一根筋"的执着精神最终获得的成果。在磺胺的抗菌机制研究清楚后，大量价廉的磺胺药品被快速生产并逐渐取代百浪多息。而百浪多息虽然在历史中只是短暂的存在，但它拯救的无数生命却不是可以一笔带过的。

"迟到的"授奖仪式

　　1939年，诺贝尔基金会要把这一年的诺贝尔生理学或医学奖授予多马克，以表彰他对磺胺类药物的研究并使之投入大量生产的功绩。可遗憾的是，当时政府明令禁止德国人接受诺贝尔奖。多马克不但被迫寄给诺贝尔基金会一封拒信，还被软禁起来。但是被软禁的多马克仍然坚持研究，致力于寻找疗效更好、副作用更小的磺胺类药物。1940年，多马克公开了磺胺噻唑（商品名为"消治龙"）及其功效；次年，多马克又研究出将磺胺噻唑衍生出的肼类化合物用于治疗结核。

　　1947年12月，诺贝尔基金会专门为多马克补办了授奖仪式，虽然领奖时间超过了规定年限奖金不再补发，但面对众多记者，多马克意味深长地说："我已经接受了上帝对我的最高奖赏——给了我女儿第二次生命。今天，我再次接受人类对我的最高奖赏！"

诺贝尔生理学或医学奖

瓦克斯曼与结核克星链霉素

希腊有句名言"大地，你是万物之母"。对科学家瓦克斯曼来说，这句话也是他一生追求科学的准则。

塞尔曼·A.瓦克斯曼（Selman Abraham Waksman）于1888年出生在乌克兰一个犹太人家庭，后来一家人移民到了美国，那时他已经22岁了。1911年，瓦克斯曼进入罗格斯大学学习，毕业后留校，他在这所大学里度过了几乎全部的研究生涯。

瓦克斯曼一生挚爱土壤，认为土壤是抗生素最丰富的来源，他从学生时代就开始研究土壤细菌学。当时在青霉素被发现以后，人类简直像得到了太上老君的灵丹妙药，大有傲睨万物的气势。直到后来发现青霉素对某些疾病不起作用，比如肺结核等。尽管大名鼎鼎的德国科学家罗伯特·科赫研究发现了导致结核病的病原体是结核杆菌，但人们面对结核病还是束手无措，那时患上结核病基本就意味着被判了死刑。

潜心研究的塞尔曼·A.瓦克斯曼

长期以来其实很多人都注意到结核杆菌在土壤中会被迅速杀死，但只有瓦克斯曼对土壤微生物进行了精细化的研究。

瓦克斯曼自1939年开始研究土壤中的抗生素，他的方法是像"查户口"一样，对土壤中的"居民"挨个筛查。具体来说，就是取一块土壤，将土壤中的细菌、霉菌等微生物一个个地分离出来，根据他们的特性用不同的培养基培养，然后再取出它们的分泌物，分别做抑菌和杀菌实验。这个研究方案虽然听起来思路清晰，但真正实施起来却是非常枯燥烦琐的，并且需要不断重复，因为一小块土壤中就潜伏着千万种微生物。

1940 年，瓦克斯曼团队鉴定的微生物就已经超过了 2000 种。他和同事伍德鲁夫分离出的第一种抗生素名为放线菌素 D（Dactinomycin），可惜毒性太强，实用价值不大。1942 年，瓦克斯曼分离出第二种抗生素——链丝菌素（streptothricin），并首次提出了抗生素的定义：抗生素是微生物在代谢过程中产生的，具有抑制他种微生物生长和活动甚至杀灭他种微生物性能的化学物质。链丝菌素对包括结核杆菌在内的多种细菌都有很强的抵抗力，但对人体的毒性也很强。不过根据这些结果几乎可以确定，在土壤中是可以找到治疗肺结核的抗生素的。只是寻找的过程会异常枯燥，工作量大到无异于大海捞针。庆幸的是瓦克斯曼获得了制药巨头默克公司的赞助，充足的资金保证了实验室的正常运行。而且团队在链丝菌素的研究过程中，开发了一系列测试方法，让筛选工作更加精确，同时也奠定了链霉素发现的基础。

事实上，在土壤中分离靶向对抗结核杆菌的微生物，不但工作量大，而且还有感染结核病的风险。因此，瓦克斯曼让一位名叫艾伯特·沙茨（Albert Schatz）的研究生把实验转移到地下室中以降低风险。沙茨是个工作狂，虽然他知道这是一件危险的工作，但仍然把地下室当作自己的家，吃住都在那里，不分昼夜地重复实验。

土壤样品中的放线菌

揭秘艾伯特·沙茨的"地下室工作"

艾伯特·沙茨在不见天日的地下室重复着这样的实验：首先称好土样，放到水里搅拌使其溶化，过滤后得到了含有无数细菌的土壤滤出液样本；然后用细如铁丝、前端呈环形的接种环沾上样本，涂到事先准备好的琼脂培养基上；几天后，当培养皿上出现了细菌繁殖成的肉眼可见的单个小菌落时，通过颜色、形状等指标在显微镜下挑选出符合要求的菌落，仍然用接种环接种到装有斜面琼脂培养基的试管中，让这些细菌生长，就能得到纯菌株了。

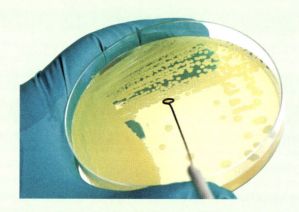

科学家在琼脂培养基上培养菌落

接下来要测试菌株是否产生了抗生素。使用接种环把试管中的纯菌株转移到含有琼脂培养基的培养皿里，让它们集中在培养皿中间的一条线上。待其开始生长，再把已知的革兰氏阴性菌沿垂直方向划线，接种到培养皿上。这样革兰氏阴性菌与待测菌株在琼脂培养基上就有了交叉点。如果测试的菌株会产生抗生素，那么交叉点附近的革兰氏阴性菌就会被杀灭而留下空白区。抗生素的杀伤力越大，交叉点附近的空白区就越大。

三个月后，沙茨发现了编号为"18-16"和"D-1"的菌种周围出现了空白区。"18-16"菌种是沙茨从土壤样本中筛出的，而"D-1"菌种则是同学多丽丝·琼斯（Doris Jones）从鸡咽喉分泌物中培养出的菌株。沙茨给这些绿灰色的菌取名为灰色链霉菌。虽然初步结果显示这种物质有比较强烈的抗菌效果，但还要进行动物和人体实验才能最终确定。为了确保能提纯到足够多用于后续实验的抗生素，沙茨更加忘我地工作，他每天 18 个小时都在地下室工作，整日整夜守在培养和提纯抗生素的仪器周围以保障仪器能 24 小时持续工作。当沙茨成功提取出这些细菌的精华后，瓦克斯曼将其命名为链霉素（Streptomycin）。

1943 年 11 月，一支来自梅奥医学中心的科学家团队参观了瓦克斯曼的实验室，他们看到链霉菌的有关实验结果时非常激动。于是，次年 2 月，这项研究变成了瓦克斯曼实验室和梅奥医学中心的合作项目。梅奥医学中心的科学家们首次给豚鼠注射了结核杆菌，然后给它们服用链霉素。结果豚鼠都活下来了。1946 至 1947 年间，

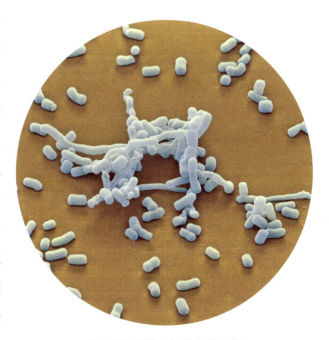

链霉菌属细菌（扫描电镜图片）

梅奥医学中心又对患者进行了临床试验。该试验是随机、双盲并设有安慰剂对照的，也是第一个被认可的随机临床试验。试验结果表明：链霉素对结核杆菌有效且毒性较小。此药随即进入临床应用，链霉素迎来了和青霉素平分天下的时代！

更令人惊喜的是，链霉素诞生后不久，人们就发现除了结核病，链霉素还可以治疗伤寒、霍乱、鼠疫等疾病。与此同时，瓦克斯曼及其学生继续研究不

同菌株的链霉菌，发现不同菌株生产链霉素的能力也各不相同，其中只有 4 个菌株能用来大规模生产链霉素。

| 迷你剧场 |

我们结核杆菌最喜欢驻扎到人类的肺部，引发的疾病被称为肺结核。我们可不管他们是普通小民，还是天皇贵胄。好多名人都与我们结缘了，你看鲁迅、林徽因、萧红、肖邦、契科夫、梭罗，哪一位不是大名鼎鼎？我们结核杆菌侵入肺脏后，会引起咳嗽、咯血、胸痛、发热、乏力、食欲减退等局部及全身症状。这些临床症状往往让人看着面色潮红，身形苗条。于是，不少文学家笔下的女主角其实就是肺结核病患者，比如小仲马的茶花女，红楼梦中的林黛玉。你们看那林妹妹"态生两靥之愁，娇袭一身之病"就是我们的杰作！哈哈哈……

没错没错！我们结核杆菌基本是通过呼吸道传染的，如果病人咳嗽、打喷嚏、高声喧哗，把菌液体喷到体外，健康人吸入后就会被感染。所以早在19世纪，我们就在欧洲和北美掀起了一场结核感染的风潮，杀死了欧洲近四分之一的人口，被人类称为"白色鼠疫"。当然，这个称呼说明我们放线菌门的远亲——鼠疫杆菌的威力也是让人类望而生畏的。

1952 年，瓦克斯曼一人获得了诺贝尔生理学或医学奖。

瓦克斯曼此后继续研究抗生素，一生中与其学生一起发现了 20 多种抗生素。最成功的除了链霉素，还有新霉素，是瓦克斯曼和另外一位研究生（Hubert Lecehevalier）的研究成果，两人联合署名的文章于 1949 年发表在《科学》杂志。

瓦克斯曼于1973年去世，享年85岁，留下了500多篇论文和20多本著作。他的墓碑上镌刻着"地面开裂，产出救恩"。沙茨于2005年去世，享年84岁，留下500多篇论文和3本著作。

以链霉素为起点，科学家们又从放线菌中陆续发现了金霉素、土霉素，以及庆大霉素、红霉素等抗生素，从此进入了抗生素的"黄金时代"。

链霉素引发的专利之争

1944年，瓦克斯曼和沙茨发表了以沙茨为第一作者的论文，指出了链霉菌对肺结核的治疗作用。1945年2月，瓦克斯曼向美国专利局申请专利，申请书上写明了他与沙茨是链霉素的共同发明人。同年7月，沙茨通过博士论文答辩获得了博士学位，他的毕业论文题为《链霉素——一种称为灰色链霉菌的放线菌产生的抗菌素》。但在1946年，沙茨离开罗格斯大学之前，瓦克斯曼让沙茨签署了一份文件，说两人都以一美元的价格将专利权转让给罗格斯大学研究与捐赠基金会（Rutgers Research and Endowment Foundation, RREF）。最后专利的收益分配是RREF为80%，瓦克斯曼为20%。

后来，沙茨获悉瓦克斯曼从链霉素专利获得个人收入，而且从1948年8月21日批准的专利文档开始，所有的文件署名都从原本的"沙茨，瓦克斯曼"变成了"瓦克斯曼，沙茨"（排名顺序发生改变），就写信询问。瓦克斯曼在回信中说"你对

艾伯特·沙茨

链霉素的开发没有任何帮助，你只是分离和测试出了两个能产生链霉素的菌株，参与了一些细菌培养方法的优化和菌株测试工作。这在整个链霉素的开发生产中，是微不足道的一部分。"毫无疑问，链霉素给瓦克斯曼带来了非比寻常的荣誉，他常受到表彰和采访，或被邀请去各地发表演讲，但瓦克斯曼在各种场合中从未提及沙茨。

沙茨对此很生气，1950年向法庭起诉了RREF和瓦克斯曼，并要求分享专利收入。同年12月，案件获得庭外和解。根据和解协议，沙茨获得3%的专利收入，瓦克斯曼获得10%的专利收入，另有7%的专利收入由早期参与链霉素研发工作的其他人分享。罗格斯大学也发布声明，承认沙茨是链霉素的共同发现者。

沙茨虽然赢了官司但他申请的50多所大学的教职都遭到拒绝，他只好去一所私立小农学院教书，甚至曾被迫离开了美国，终其一生再也没能回到曾经热血奋斗的土壤微生物行业。

那么，瓦克斯曼是否真的侵吞了沙茨的科研成果呢？

按照学术界的惯例，判断科研成果的所有者，要看他在发表论文中的排名。1944年那篇关于链霉素的论文，第一作者是沙茨，通讯作者是瓦克斯曼。这完全符合惯例：沙茨是实验的主要实施人，所以排名第一，而瓦克斯曼是实验的指导者，所以排名最后。

但最终诺贝尔奖只授予瓦克斯曼一人，是否恰当呢？

试想，如果没有瓦克斯曼实验室多年积累，建立起来的实验思路、系统方法，乃至成套的仪器设备，沙茨不可能在几个月内就发现链霉素。瓦克斯曼从土壤微生物中寻找抗生素的系统性研究从1939年就开始了，根据这一研究计划和实验步骤，链霉素的发现或许只是时间问题。事实上，后来实验室的其他学生也陆续发现了链霉素的存在。

这一点其实在 1952 年 12 月 12 日诺贝尔颁奖词上也体现了出来：瓦克斯曼被授予诺奖，是因为他"巧妙地、系统地和成功地研究土壤微生物而促成了链霉素的发现"，而不是直接说"发现了链霉素"。换言之，瓦克斯曼最大的贡献是制订了发现抗生素的系统方法，并在实践中成功应用。但沙茨的执着性格与忘我工作的确也是发现链霉素的关键因素，不能被忽略。按照胰岛素发现者弗雷德里克·格兰特·班廷（Banting, Sir Frederick Grant）的观点，沙茨是应当分享这一荣誉的。

因此后来陆续有人为沙茨鸣不平，引发了关于学术成就公平分配的讨论，让罗格斯大学不得不重新审视沙茨的实验和贡献。1994 年 4 月 28 日，罗格斯大学在纪念链霉素发现 50 周年的活动中请来了沙茨，校长给他颁发了"罗格斯奖章"（Rutgers Medal）并公开承认他是链霉素的联合发明人，称赞他给罗格斯大学带来了巨大的荣誉。

二、八仙过海，各显神通

细菌在自然界中分布极其广泛，从南极到北极，到处都有细菌的踪迹。甚至我们体内就有大量的细菌，单是肠道内就寄居着400～500种，大约100万亿个细菌。细菌对生存环境的适应程度远超我们的想象。例如，有些细菌能生活在温度接近沸点的地热喷泉中、北冰洋的冰层深处，甚至是极酸或极碱的环境中。

由此可见，细菌不仅种类繁多、数量巨大，而且适应环境的能力也十分惊人，这都得益于它们在漫长的进化过程中，演化出的高复杂、多层级的防御机制，确保自身更好地应对外界恶劣环境的威胁和永无止境的繁殖竞争。

知己知彼，才能百战不殆。要抑菌、杀菌，就必须要先了解一下细菌的结构。细菌虽然种类繁多，但结构却比较简单，主要由细胞壁、细胞膜、细胞质、核质体等部分构成，部分细菌还有荚膜、鞭毛、菌毛等特殊结构。

知识窗

细菌的基本结构

细胞壁：位于细胞膜外的一层较厚、较坚韧且略具弹性的结构，主要成分是肽聚糖。

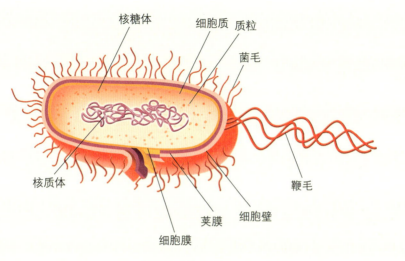

细菌的结构模型

细胞膜：能选择性地交换细胞内外的物质，保证了细胞内环境和秩序的相对稳定，构成成分以蛋白质和脂质为主。

细胞质：是由细胞膜包围的、除核区外的一切半透明、胶状、颗粒状物质的总称。80%的成分是水分，包含有细胞功能正常行使所需的各种分子，如糖类、核酸和蛋白质等。细胞质中有一种重要的结构叫核糖体，是细菌合成蛋白质的场所，每个细菌体内的核糖体数量可达数万个。

核质体：是细菌DNA集中的区域，也叫核区或拟核。大型环状的双链DNA分子卷曲折叠于核区，是细菌的遗传物质。

质粒：是现代生物工程中重要的工具。能进行自主复制，质粒是裸露的环状双链DNA分子，能进行自我复制，有时也能整合到核DNA中。

荚膜：某些细菌表面的特殊结构，是位于细胞壁表面的一层松散的黏液物质。荚膜的成分因菌种不同而异，主要是由葡萄糖与葡萄糖醛酸组成的聚合物，也含多肽和脂质。

鞭毛：长在某些细菌菌体上细长而弯曲且具有运动功能的附属丝状

物，主要成分是蛋白质。鞭毛的长度常超过菌体若干倍。少则1～2根，多则数百根。

菌毛：是革兰氏阴性菌菌体表面密布的短而直的丝状结构，必须借助电子显微镜才能观察到，其化学成分是蛋白质，具有抗原性。细菌的菌毛数目很多，每个细菌有100～500根菌毛。

因此，人类若想战胜各式各样的细菌，各类抗菌药物就必须要"八仙过海，各显神通"，攻破细菌的层层防御，才有可能有针对性地杀死这些微小却强大的敌人。

刺穿坚硬铠甲，破坏细胞壁

相信大家已经发现了，细胞壁是细菌最外层坚硬的防御装备，就好像古代士兵的铠甲一样，让细菌得到了第一层保护。而它的主要成分肽聚糖（peptidoglycan），又被称为粘肽。肽聚糖是两种氨基糖经糖苷键连接、间隔排列形成的多糖支架，氨基糖上再连接四肽侧链，肽链之间再由肽桥或肽链联系起来，这样就像编织铠甲一样，组成了一个具有机械强度的网状结构。所以细胞壁对细菌细胞保持形态完整、防御机械和渗透损伤以及阻挡大分子侵入等正常生命活动具有不可或

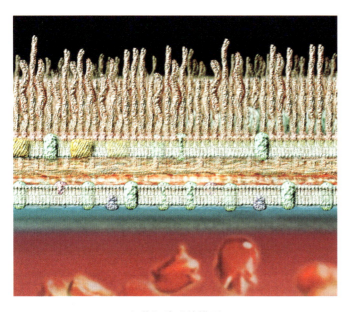

细菌细胞壁的模型

缺的作用。肽聚糖与细菌学中著名的革兰氏染色法有关。

简单来说，革兰氏阳性菌的细胞壁肽聚糖含量多、"家底厚"，经乙醇脱水后细胞壁的间隙缩小，通透性降低，在菌体内保留了染料——碘复合物，因此呈紫色。而革兰氏阴性菌肽聚糖含量少、"家底薄"，经乙醇脱水后细胞壁变化不大，通透性不受影响，菌体内的碘复合物较易透出，失去紫色，就被沙黄复染成了红色。

细菌进入机体后会占领一块空间，在此不停地生产更多"穿铠甲的士兵"。但抗生素就像我方士兵的利箭，能破坏敌军铠甲的完整性，让细菌失去最重要的保护。

细胞壁的形成也像生产铠甲一样是需要一定流程的：首先是原料肽聚糖在细胞内合成，然后透过细胞膜运输到细胞外并聚集，最后像拼接铠甲一样相互交联而形成细胞壁。抗生素只要能影响到上述的一个或几个环节，就能阻碍细菌细胞壁的正常生成，进而导致细胞死亡。因为人和动物体的细胞没有细胞壁，所以这类抗生素能对细菌一剑封喉，对人和动物而言却几乎没有毒性。

抗生素中最闪亮的明星——青霉素就属于这一类。青霉素和肽聚糖结构中的一种成分相似，所以能替代该分子的位置，最终导致肽聚糖无法形成，造成细胞壁的缺损。细菌则会因此遭受渗透损伤、自溶等破坏作用，最终被杀灭。由于革兰氏阳性菌的细胞壁中肽聚糖含量较阴性菌高一些，所以青霉素对革兰氏阳性菌的作用更强一些。

像这样拥有刺穿细菌坚硬铠甲作用机制的抗生素为β-内酰胺类，如青霉素、头孢菌素等。

松弛致密皮肤，改变细胞膜

我们知道细菌属于原核生物，而人类属于真核生物，但不管是哪一类生物的细胞，都具有一层重要的结构——细胞膜。细胞膜是原始生命向细胞进化的重要形态特征之一：既保障了细胞内环境的相对稳定，又维持了细胞与周围环境间物质、信息与能量的必要交流，实现特定的生理功能。

细胞膜位于细胞表面，脂类和蛋白质组成的磷脂双分子层构成其基本支架。它最重要的特性是对进出细胞的物质有很强的选择透过性，防止细胞外的物质自由进入细胞。如果把细胞比作一座城市，那么细胞膜选择性地运输物质和传递能量就是保障城市正常运转的最强物流支撑。

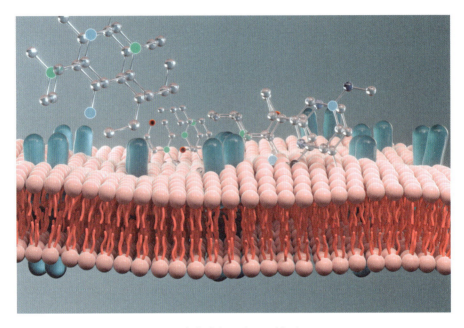

细胞膜磷脂双分子层模型

因此如果将细菌的细胞膜作为攻击靶点，就等于切断了细菌物质与能量的保障，让细菌灰飞烟灭也就不在话下了。

能够松弛细菌"致密皮肤"的抗生素与细胞膜的某些成分结合后，增加膜的透过性，导致一些重要的大分子蛋白从细胞内流失，进而造成细菌的死亡。这就像攻城时，城市内部如果连饭都吃不上了，物流队伍还把重要的粮米物资偷运到城外，城内必然一片混乱，当然不攻自破了。但由于正常机体的细胞膜有与细菌细胞膜结构相同或相近的成分，这类抗生素对正常细胞也会有一定的杀伤、毒副作用，因此在临床应用时会受到一定的限制。

随着抗生素的大量使用，耐药菌株产生、疗效下降等一系列问题逐渐涌现，严重威胁着人类和动物的健康，急需开发新型的抗菌药替代物。抗菌肽（antimicrobial peptides，AMPs）应运而生，它因为具有广谱抗菌活性而被寄予了厚望。

抗菌肽是一类在自然界中广泛存在的多肽分子。目前，抗菌肽的杀菌机制尚未完全清楚，已知的是抗菌肽通过静电作用与细菌的细胞膜相互作用，在膜上形成"通道"，破坏了膜的完整性，造成细胞的内容物泄漏，从而杀死细菌。同时抗菌肽凭借其特殊性可以在抗菌的同时不对哺乳动物的细胞造成损坏。研究表明，多数抗菌肽不仅对细菌、真菌和寄生虫具有一定的抑制作用，对包膜病毒、肿瘤细胞也有一定的抑杀作用，具有较广的生物学活性且不易引发相应的耐药性。因此，抗菌肽被誉为"天然超级抗生素"，极具开发和应用前景。

破坏总指挥部，抑制核酸功能

核酸是生命最根本的物质之一，它是由许多核苷酸聚合成的生物大分子化合物。如果说生命体像一幢宏伟的高楼，那么核酸就是指导建设高楼的图纸，蛋白质则是搭建高楼的砖瓦木石。细菌这类生命体也不例外。所以当细菌准备入侵人体时，自然是带着图纸，准备大兴土木、安营扎寨的。

细菌作为原核生物，与真核生物有许多不同的特点，但是核酸却是一致的。根据化学组成不同，核酸可以分为核糖核酸（ribonucleic acid，RNA）和脱氧核糖核酸（deoxyribonucleic acid，DNA）两大类。其中，DNA 是储存、复制和传递遗传信息的主要物质，是总指挥部图纸中的最高机密。

知识窗

脱氧核糖核酸（DNA）

作为一种大分子聚合物，DNA 由碱基、脱氧核糖和磷酸构成。组成 DNA 的碱基"摩斯密码"，共有 4 种，分别是腺嘌呤（A）、鸟嘌呤（G）、

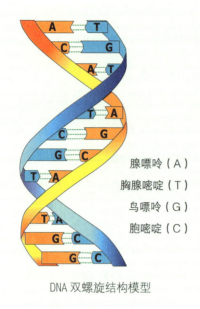

腺嘌呤（A）
胸腺嘧啶（T）
鸟嘌呤（G）
胞嘧啶（C）

DNA 双螺旋结构模型

胸腺嘧啶（T）和胞嘧啶（C）。

生物体中的 DNA 几乎不以单链的形式存在，而是两条脱氧核苷酸链围绕一个共同的中心轴盘绕，构成双螺旋结构。DNA 行使一定的功能前，一般要先解开双螺旋结构，这个过程我们称为"解旋"。DNA 在细胞分裂前通过"半保留复制"的机制进行复制，由一条双链变成两条单链，每条单链再各自形成完整的 DNA 双链，从而与原来的双链保持一致。

当然了，最高机密需要传递出去才有效，将 DNA 的机密信息翻译后传递出去的就是信使核糖核酸（mRNA），是蛋白质合成的模板。而蛋白质是由氨基酸构成的，合成蛋白质时需要将氨基酸搬运和转移到合适的场所，从事这项工作的便是转运核糖核酸（tRNA）。合成蛋白质的主要场所是核糖体，核糖体的核糖核酸（rRNA）就像生产蛋白质的车间。

不管是哪一种 RNA，都是由磷酸、核糖和碱基构成的。RNA 的碱基主要有 4 种，与 DNA 不同的是，它的四种碱基分别为腺嘌呤（A）、鸟嘌呤（G）、胞嘧啶（C）和尿嘧啶（U）。

从遗传信息到蛋白质合成遵循的就是分子生物学中著名的"中心法则"。

知识窗

传递遗传信息的"中心法则"

中心法则是分子生物学中最基础的理论之一。最初由费朗西斯·克里克提出，后又经过不断的完善与发展。简单来说就是 DNA 双链解开，双链上的碱基暴露出来；游离的核糖核苷酸随机地与 DNA 的碱基互补并以氢键结合；新结合的核糖核苷酸连接到正在合成的 mRNA 分子上，mRNA 合成后从 DNA 链上释放，DNA 双链随即恢复。这种以 DNA 的一条链为模板，根据碱基互补配对的原则，在 RNA 聚合酶作用下合成 mRNA 的过程称为"转录"。以这条 mRNA 为膜板，tRNA 携带氨基酸与之进行碱基互补配对，经过氨基酸脱水缩合，形成一条肽链，该过程在核糖体上进行，形成的肽链经过旋转缠绕，最后形成蛋白质。在生物体内，这些过程都需要许多生物酶来辅助完成。

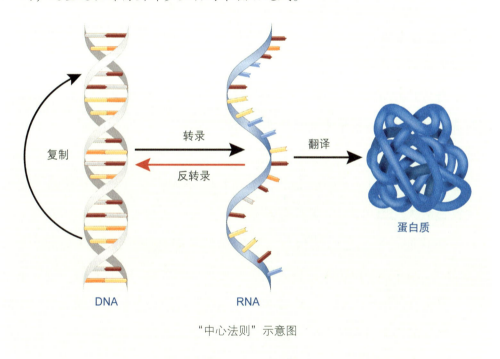

"中心法则"示意图

由此可见，细菌工厂设备齐全，应有尽有，但抗生素也不是吃素的，它们派出各类身怀绝技的先锋队成员抑制细菌核酸的合成或阻止其功能的发挥，并对总指挥部发起攻击，最终抑制细菌的繁殖，达到一定的杀菌效果。其中，喹诺酮类药物和硝基咪唑类药物就属于直接摧毁最高机密、直接对付细菌 DNA

的战士。简单来说，喹诺酮类抗生素将细菌的 DNA 作为靶点，通过干扰 DNA 双螺旋结构来阻碍 DNA 的合成，进而特异性地杀死细菌，但对人体细胞的影响极小，几乎不阻碍人体细胞的正常生长。这类抗生素常见的有左氧氟沙星、莫西沙星、环丙沙星等。

近年来，喹诺酮类抗菌药物凭借其口服易吸收、抗菌谱广、抗菌活性强、价格较低等特点，在临床上广泛用于治疗泌尿生殖系统、肠道系统与呼吸系统的感染，已成为仅次于头孢菌素类的第二大类抗感染化疗药物。硝基咪唑类药物也在治疗各种原虫感染及厌氧菌感染方面得到了迅速的发展。硝基咪唑类药物具有抗厌氧菌谱广、杀菌作用强、价格低、疗效好的优点，与其他抗菌药物广泛联合应用于治疗各个系统的厌氧菌与需氧菌的混合感染。在与细菌的抗争中大展拳脚。

其中利福平就属于"阻断物流派"，通过破坏转录达到灭菌的目的。利福平是半合成广谱杀菌药，能抑制细菌 RNA 的合成，阻断 RNA 的转录过程，达到杀菌的效果。利福平主要与其他抗结核药物联合使用，用于结核病的初治与复治。

还有灰黄霉素（griseofulvin）属于"伪装密码派"，实施的策略是"走敌人的路让敌人无路可走"。灰黄霉素是灰黄青霉（*Penicillium griseofulvin*）的一种含氯代谢产物，它的结构与鸟嘌呤相似，能竞争性地抑制鸟嘌呤进入 DNA 分子，干扰真菌 DNA 的合成进而抑制真菌的生长。并且它能与微管蛋白结合，阻止真菌细胞分裂。灰黄霉素作为一种低毒的抗生素，早期主要用于治疗一系列真菌感染引起的疾病，包括皮肤病、毛发病和癣病感染等。目前，灰黄霉素的应用范围已逐渐扩大到畜牧业、水产及植物真菌性病害防治等。

销毁蛋白工厂，干扰蛋白合成

蛋白质是生物体的重要组成部分，在生物体这座高楼中扮演了承重柱和砖瓦的角色。对于细菌而言，亦是如此。细菌需要脂蛋白联合脂多糖形成钢铁般的城墙来抵抗外界伤害，也需要核糖体蛋白勤勤恳恳地工作，"印刷"出多样的像调节蛋白、结构蛋白等蛋白质来维持这座高楼内部的良好运转。

在人类对抗细菌的战争史中，"釜底抽薪"的招式无疑给细菌带来了巨大的威胁。一旦人类切断细菌的蛋白质生产工厂，细菌的生命大厦必将随之崩塌！

我们已经知道了细菌是没有核膜

核糖体的结构载体：大亚基和小亚基

的原核生物，它的蛋白生产核心——70S 核糖体，由 30S 小亚基和 50S 大亚基两个亚基构成。

知识窗

核糖体

核糖体是细胞内一种核糖核蛋白颗粒，主要由 RNA（rRNA）和蛋白质组成，又被称为细胞内蛋白质合成的分子机器。由大亚基和小亚基两个亚基组成。

核糖体负责读取细胞核中转录出来的 mRNA 携带的遗传信息，翻译成具有一定功能的蛋白质。如细菌核糖体的 30S 小亚基先结合刚转录出来的 mRNA，获取信息，接着与 50S 大亚基结合，组成完整的核糖体，招募携带氨基酸的 tRNA，开启蛋白质的初始合成。

抗生素往往对细菌的核糖体蛋白有高度的选择性，换句话说，它能抑制细菌蛋白生产工厂的"出货"，但并不会影响宿主细胞正常情况下需要的产出，这就让抗生素能够"精确制导",进而杀灭细菌。

其实很多抗生素都能实现对细菌蛋白生产工厂的打击,但它们"导弹"制导的目标不尽相同。比如说,四环素类抗生素(四环素、多西环素等)能与细菌核糖体的 30S 小亚基结合,用"鸠占鹊巢"的方式影响细菌蛋白质的合成。大环内酯类抗生素(红霉素、罗红霉素等)能与核糖体的 50S 大亚基结合,通过"挟持工具"限制细菌合成蛋白质。与前两类抑制细菌的方式不同的是,氨基糖苷类抗生素(链霉素、庆大霉素等)是一类作用于核糖体蛋白"工厂"多个环节的药物。氨基糖苷类抗生素会抑制 70S 始动复合物的形成,从多环节阻断细菌蛋白质的合成。另外,氨基糖苷类药物还可通过离子吸附附着于细菌的表面,造成细菌细胞膜缺损,增加胞膜的通透性,使胞内钾离子、核苷酸、酶等重要物质外漏进而导致细菌死亡。

细心的你肯定发现了,以上提到的抗生素尽管靶向位点不同,但"导弹"的强势攻击,不约而同地对准了细菌蛋白的生产核心——核糖体蛋白,通过破坏细菌蛋白的生产,实现对细菌生命活动的抑制。

劫断敌军粮草,阻碍核酸合成

事实上,人类除了正面突破、外围对抗、"引火烧菌"、切断细菌活力供给的蛋白工厂外,还有一支"奇袭军",它们的主要任务是拦截敌军粮草,化解战争于无形。

我们先来聊聊细菌的"粮草供给"。细菌若想要实现良好的生长和繁殖,除了"正餐"的碳源、氮源外,也需要吸收外来物质,还需要必需的氨基酸、嘌呤、嘧啶来保证合成蛋白质、核酸的原料。其中,叶酸代谢途径是细菌重要的核酸来源,因为细菌无法直接吸收环境中的叶酸,必须在体内合成叶酸。因此,干扰细菌的叶酸代谢途径便成就了抗生素大军中的"奇袭军"——磺胺类抗生素。这类抗生素就是凭借着与叶酸合成原料相似的结构,干扰了细菌的叶酸代谢途径,导致细菌不能产生对自己生长和繁殖至关重要的叶酸,阻断了细菌合成核酸的原料供应，也因此实现了抗菌的效果。这类抗生素常见的有磺胺甲噁唑、磺胺嘧啶等。

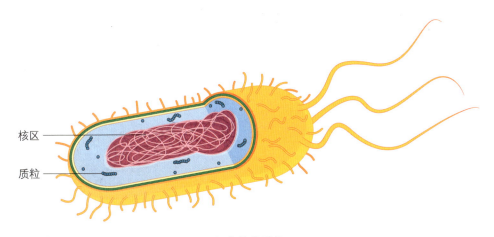

细菌的核质体

为增强对原料的阻遏，人类常常将甲氧苄啶（TMP）与磺胺药结合使用，使细菌的叶酸合成代谢遭到双重阻断，并且甲氧苄啶对磺胺类药物有协同作用，可以使磺胺药抗菌活性增强，将抑菌作用转为杀菌作用，达到"1+1>2"的抗菌效果。

在人类与细菌对抗的过程中，战果颇丰，现存的抗生素有几千种，应用于临床的抗生素也有几百种。这些不同种类的抗生素都伴随着人类对细菌了解的不断深入，进一步特异性靶向以及破坏细菌的生化代谢过程。它们有的单一抑制某一种酶，也有的不仅阻断蛋白合成，还可以破坏细菌的城防，使细菌自破而亡；它们有的孤军奋战，有的联合兄弟抗生素共同战斗……抗生素的发展，成为人类对抗细菌感染的一大靠山，也成了人类与死亡对抗的重要武器。

第二章

过犹不及，虽胜有殃

——被滥用的抗生素

一、无处不在的万能药

　　人类与细菌之间的关系可谓十分微妙，在这场无声的较量中，细菌既可以是人类健康的守护者，同时又可能成为致病的罪魁祸首。其实这场博弈自人类诞生以来就开始了，历经数年，持续至今。在这场漫长的交锋中，人类也曾经历过几场重大的挫败——鼠疫、霍乱和结核病等。但并未因此屈服或放弃，而是不断寻找和尝试各种救治方法和防治手段，功夫不负有心人，抗生素这一神兵利器的发现终于让人类逐渐占据上风，而抗生素也逐渐成了生活中无处不在的"神药"，似乎不论大病小情，它总能药到病除。

百发百中，弹无虚发

　　一场名为黑死病的"黑色瘟疫"，如同乌云般在中世纪的欧洲徘徊了数百年之久。无人知晓它从何而来，也不知道它黑暗的魔爪将伸向何处。肆虐的黑死病几乎带走了欧洲三分之一人的性命，患者会发热、咯血、意识不清，腋下和腹股沟处的淋巴肿胀、化脓，皮肤上出现大小不一的黑色或紫色斑点。且病情发展迅速，病人很快就会痛苦地死去。

　　不同于令人闻之色变的"黑色瘟疫"，"白色瘟疫"——结核病，因能让患者皮肤苍白、身材瘦削和情绪忧郁，竟曾是欧洲上流社会热情追捧的对象，但是"浪漫与优雅"的滤镜并不能模糊它极强的传染性和无药可救的狰狞面孔，它是当之无愧的最大传染病杀手，无数人死于它的行刑刀之下。每天有近3万人罹患结核病，4500人因此失去生命，时至2022年，仍有130万人死于结核病。1995年，世界卫生组织将每年的3月24日定为"世界防治结核病日"，用以纪念1882年德国微生物学家罗伯特·科霍发现了结核病的病原菌，同时也让公众更深刻地认识到该传染病的危险。

令人闻风丧胆的"黑色瘟疫"

有传染病杀手之称的"白色瘟疫"

而抗生素的横空出世和广泛应用使医学领域发生了革命性的变化，为人类的健康和生存带来了福音。抗生素被广泛使用以来，令人胆战心惊的黑死病和结核病的死亡率大大降低，许多曾被视为绝症的疾病如今可以得到有效控制和治疗。不仅如此，抗生素在处理常见的"小病"中也发挥了关键作用。比如常常困扰着当代人的由细菌感染引起的中耳炎、咽炎、扁桃体炎和牙周炎等，它们常以温和的面孔示人，但事实上却让人十分难挨，一不小心可能还会带来更大的危险。抗生素在治疗这些疾病时很有一套，它们能够迅速缓解症状，减轻患者的痛苦，并帮助他们更快地康复。

值得一提的是，抗生素在畜牧业和农业中也发挥着重要作用。在畜禽饲养中，抗生素被用来预防和治疗细菌性感染，为畜禽的健康生长保驾护航；而在农业生产中，抗生素则被广泛运用于植物病害的防治，保障了农作物的丰收。

神兵利器的滥用之患

场景一：安大叔十几年如一日地经营着一家远近闻名的牧场。当被问及有什么养殖秘诀时，安大叔神秘一笑，指了指饲料，他骄傲地告诉大家这里可是添加了他的独家秘方。原来安大叔年轻时他的牧场经历过一次大规模的细菌感染，许多绵羊都生病了，他立即请来兽医进行诊断。兽医很快就发现这是一种严重的细菌性感染，于是用了一种特殊的"神药"让萎靡不振的绵羊们奇迹般地康复。这个所谓的"神药"实际上就是抗生素，让绵羊们免受细菌感染。此后安大叔便开始将抗生素添加到绵羊的饲料中，果然绵羊的患病率大大降低了，其产量也随之增加了。

场景二：每逢换季或降温，小刘都会遭受感冒的折磨，面对人满为患的医院门诊，小刘选择购买一些常见的抗生素来缓解症状。今年冬天，小刘又被感冒缠上了，这次的症状似乎比以往都要凶猛。为了方便，他还是选择去购买常用的抗生素来对付这次的敌人。但这次的情况好像有点不一样，一周过去了，他的病情还没有明显的好转……

流感季人满为患的医院

通过上述两个场景我们不难发现：抗生素的"无所不能"让它成为当之无愧的"顶流"。渐渐地人们面对感冒、发烧等常见病症时，已习惯于依赖抗生素。不仅如此，为了预防和治疗兽病，我国每年有约 50% 的抗生素作为饲料添加剂被应用于畜禽养殖业。然而，使用过程中存在许多盲目添加，甚至滥用的情况。"滥用"之下，看似万能的抗生素开始失去它的光环。人们也逐渐认识到滥用抗生素会给环境和人类带来难以承受的冲击。

这是因为滥用的抗生素不能被人或动物完全吸收代谢，大量残余的抗生素会随着排泄物汇入城市生活污水处理系统。城市污水处理通常采用活性污泥法，通过微生物分解污染物，但这种方法对抗生素的处理效果有限，处理后的污水会带着残留的抗生素流入水环境——悄然完成了一场低难度的"大逃亡"。

城市污水处理示意图

据估计，2019 年全球约有 495 万人死于与细菌耐药性相关的疾病，其中有 127 万例死亡被归因于细菌耐药性。这些数字让人不禁深思：明明是人类的"神兵利器"，为什么最后却强大了敌人？近年来，各地相继颁布规定加强临床抗生素使用管理的法规，如用限制处方购买来替代自由购买。然而，在政策监管相对薄弱的领域，人们仍对使用抗生素欲罢不能。

二、杀鸡焉用宰牛刀

A 医生是当地备受尊敬的名医，因医术高超被誉为"再世华佗"。一天，一位村民急匆匆地将生病的儿子送到医院救治，却碰上 A 医生外出开会。A 医生的助手接待了患者，当场便决定开具抗生素处方，并让他们回家休息，保证孩子第二天就能恢复健康。然而，孩子当夜的病情并未好转。村民第二次带孩子来医院就诊时，A 医生刚好在场，他迅速展开诊断和治疗。发现其实孩子只是普通感冒，经过一番精心护理，孩子的病情终于得到了控制。A 医生对助手的匆忙决策进行了复盘分析——在治疗疾病时要审慎选择药物，避免滥用抗生素，最后拍着助手的肩膀感叹了一句"杀鸡焉用宰牛刀啊"，一旁的助手早已羞红了脸。

其实，这种"滥用宰牛刀"的情况在日常生活和工作中屡见不鲜……

感冒和胃肠炎一定要用抗生素吗

正如我们所知道的，抗生素被广泛用于治疗细菌性感染。它像个英勇无畏且战无不胜的大将军，总能有效地杀灭或抑制致病细菌的生长，帮助机体恢复健康。然而，并不是所有疾病的治疗都需要这位大将的帮助。比如面对病毒性感冒和胃肠炎时，抗生素就不一定是最好的选择。

冬季与春季都是流感的高发期。每到这个时节，你是否注意到身边总有头痛脑热、感冒流涕和咳嗽不止的朋友？是否震惊于医院里人山人海？可恶的流感病毒就是这一切的始作俑者，它们有甲、乙、丙型三兄弟，其中甲型流感病毒最为臭名昭著。这三兄弟都长得像个小球，虽然个头不大，只有 80～120 纳米，但它们的传染能力却非常强，总是"不请自来"，让我们在不经意之间"中招"。并且这些病毒全然不把抗生素这位大将放在眼里——毕竟抗生素只对细菌有效，对病毒却束手无策。所以，对病毒性感冒的患者来说，吃抗生素不但解决不了问题，反而可能会让细菌产生抵抗力，一不小心就"赔了夫人又折兵"。

让大家闻之色变的甲流病毒

如果你稍加留意，或许会看到一些因诺如病毒引发胃肠炎的新闻报道。例如 2021 年某学校发生一起疑似食物中毒的事件，结果表明其实是诺如病毒感染引起的急性胃肠炎；2018 年某旅行团有旅客突发急性胃肠炎，其粪便样本显示诺如病毒核酸阳性……其实，诺如病毒是一种人畜共患的食源性疾病病原，同流感病毒一样活跃于寒冷季节。早在 2012 年，我国 5 岁以下腹泻儿童中，

科学放映厅

扫码了解有关诺如病毒的精彩故事

诺如病毒的检出率已经高达 15%。它潜藏在我们身边虎视眈眈，给我们，尤其是高龄老人和低龄儿童的健康带来了极大威胁。但遗憾的是，对付这种病毒感染引起的急性胃肠炎，即使神通广大的抗生素也束手无策。所以，当确定是病毒引起的胃肠炎时，千万不要着急吃抗生素。对付胃肠炎的关键是补充水分和电解质，避免机体脱水和电解质紊乱。此外，饮食方面要注意选择清淡易消化的食物，尽量避免刺激性食物。如果症状严重，更需及时就医。在日常生活中，要将保持个人卫生、注意食品安全牢记心中，多一分小心，就会少一分它们的"惦记"。

诺如病毒感染的症状和预防方式

抗生素虽然本领强大，但却不是万能的。我们一定要让它在该展现神威的地方大显身手，而不是让错用带来的后果污名化它，让滥用来弱化它真实的本领。

知识窗

诺如病毒知多少

诺如病毒（Norovirus, NV）是一类无包膜肠道病毒，是引起急性胃肠炎的主要病原体，尤其易影响免疫功能低下的人群。据估计，每年约有 6.85 亿人感染该病毒，导致约 20 万人死亡，每年给全球经济造成约 600 亿美元的损失，已成为一个全球性的问题。诺如病毒通过"粪-口"等途径传播，感染后可能无症状或导致胃肠道疾病。该病毒具有高突变率，促使新变异体出现，具备更强的抗性。目前尚无有效控制诺如病毒的措施和特效药，因此常见的预防方法只能是勤洗手和注意饮食。

从不生病的禽畜

据行业调查报告统计，美国是全球第一鸡肉生产大国，2022 年鸡肉产量为 2085 万吨。然而，在这个看似繁荣的产业背后，却隐藏着一个惊人的秘密：正如美国调查记者、作家玛丽安·麦克纳在其著作《餐桌上的危机》中描述的一场滥用抗生素带来的养鸡场耐药菌疫情，这场疫情导致了 1300 名产妇和 4000 名新生儿感染。作者用颇具故事性和推理色彩的剧情揭示了鸡肉、抗生素和流行病疫情三者间的隐秘联系，向读者展示了养殖业中抗生素的滥用现象及其潜在的危机。

你的餐桌安全吗？

你可能会感到好奇：为什么"包治百病"的抗生素在养殖业会被普遍地使用呢？相较于露天散养方式，室内圈养能够大幅提高养殖密度、节约成本、缩短养殖周期，保证鸡肉市场的充足供应。然而，室内环境拥挤，通风和采光条件较差，活禽容易感染各种疾病，导致各种疫情的暴发和传播，进而造成大量活禽死亡，带来巨大的经济损失。为了确保活禽的品质和供应量，养殖场几乎都会不约而同地选择使用抗生素。

除了降低病死率，抗生素还可以帮助活禽快速增重。1946 年的冬天，加州大学伯克利分校的实验人员意外发现，食用了添加少量抗生素饲料的小鸡短时间内就能实现快速增重。类似的实验结果在猪、牛、火鸡等动物身上都得到了重复验证，这样的发现无疑会对整个养殖行业产生深远影响。

那治疗细菌感染的抗生素到底是怎么帮助家禽和牲畜快速长肉的呢？

其实，在人和动物体内，肠道可以说是繁忙的细菌社区了，驻留细菌在这里大展身手，帮助机体提高免疫力、促进分泌功能，调节神经信号等。而抗生素可以消灭动物肠道微生物，让动物更好地吸收饲料里的营养，同时抗生素还能预防一些传染病，让动物们健康地快速增重。把抗生素作为一种饲料添加成分的"先进"养殖经验很快便在世界范围内流行起来。

起初，不少专家学者对抗生素饲料的安全性提出质疑，提醒人们警惕抗生素滥用可能带来的严重后果。然而这样的质疑声很快被饲料市场和养殖行业的狂欢声取代。1951 年，尽管缺少公示和听证会环节，美国食品药品监督管理局（FDA）依旧批准将特定种类的抗生素用作促生长剂添加入动物饲料中。

然而事实上，抗生素不能被机体完全代谢，有些甚至具有较长的半衰期，可以长时间存在于环境中并对人类产生影响。一方面，肉品中残留的抗生素进入人体后，会通过破坏免疫系统来摧残身体；另一方面，由于抗生素的选择性作用，耐药细菌逐渐替代对抗生素敏感的细菌成了养殖场中的优势菌群，并通过动物粪便、空气灰尘、雨水冲刷等方式进入水循环，悄无声息地再回到人类社会，危害我们的健康。当人们意识到滥用抗生素的危害并想要严格把控时，大型药厂、饲料厂、养殖场等诸多利益相关群体又设置了重重障碍，严

抗生素被加入养殖场饲料中

重延缓了相应新政策的推行。尽管 2006 年欧盟全面禁止在畜牧业饲料中使用抗生素生长促进剂，但仍有很多国家没能通过相关法令。

巨型多宝鱼的隐患

俗话说"无鱼不成席"，中国人对鱼的喜爱不言而喻。大家当然都希望能在洋溢着喜气氛围的年夜饭餐桌上，品尝到肉质鲜美的鱼肉！不知道大家是否发现，在前几年年夜饭的餐桌上，具有"多宝多福、年年有余"美好寓意的多宝鱼开始频繁地出现，引领了一阵餐桌潮流。

其实，多宝鱼并非土生土长的"中国鱼"，它来自大西洋东北沿岸，是当地特有的名贵低温经济鱼种之一，又名"欧洲比目鱼"。多宝鱼因其肉质鲜美、营养价值丰富，自 1992 年引进中国后便成了国人餐桌上的新宠，也备受渔业工作者们的青睐。早年间多宝鱼在市场上风行一时，市场反应良好，因此多宝鱼的养殖量也在逐年升高。

然而，看似一片繁荣的多宝鱼市场，却因一次突如其来的抽检遭受了毁灭性打击：2006 年 11 月，某市食品药品监督管理局抽检了市面上的多宝鱼，并从中检测出了多种禁用兽药，随即发出"消费预警"：提醒消费者慎重购买和食用多宝鱼。市面上的多宝鱼价格随之跌入低谷，养殖户们怨声载道。

多宝鱼成了餐桌上的常客

从盛极一时到惨淡收场，最终走向无人问津，多宝鱼为什么经历了如此大起大落的"鱼生"呢？

原来，冷温性底栖的多宝鱼习惯了老家的环境，来到中国温暖的水域，多少有些水土不服，这使得多宝鱼在人工养殖的过程中对温度、水质、食物等饲养条件有较高的要求。然而在市场急速膨胀的过程中，很多养殖户为了早日赚钱而忽略了养殖池消杀、技术学习等工作的重要性，而是妄图通过增加养殖密度来提高养殖产量，又或是降低饲料品质来减少养殖成本。毕竟人工养殖难以复制天然的深海环境，"思念家乡"的多宝鱼经常遭受虹彩病毒、鳗弧菌、漂游鱼波豆虫等多种病原微生物的感染。居高不下的患病率和死亡率给养殖户们带来了巨大的经济损失，病急乱投医的养殖户们便通过给多宝鱼饲喂多种抗生素来预防或治疗多种疾病。

虽说"是药三分毒"，但其实使用抗生素是水产养殖中的常见做法，主要用于抗菌和提高育种成功率。例如，土霉素便是一种常用的抗生素，属于四环素类抗生素，具有较广泛的抗菌活性。作为一种行业标准中允许使用的抗生素，土霉素的使用和在水产品中的残留都受到严格的监管。然而，养殖户们为了进一步降低养殖成本，往往会选择使用更加便宜的呋喃西林替代土霉素。呋喃西林早先用于治疗牲畜疾病，后有研究表明其在动物源性食品中的残留可以传递给人类，有致癌、致畸胎等副作用，在我国及多个国家都被列为禁用药。伴随呋喃西林使用的，还有另一种对人体危害较大的禁用兽药孔雀石绿以及多种其他种类的抗生素。

细菌的耐药机制

不同种类的抗生素通过不同的作用机理来抑制细菌的生长和繁殖。抗生素与细菌之间的作用，好似一场没有硝烟的军备竞赛。在长期的适应和筛选作用下，细菌也产生了一套独特的机制来应对抗生素的杀伤作用：（1）细菌可以通过产生灭活酶或钝化酶，改变抗生素的结构并使其失去活性；（2）细菌可以改变抗生素发挥作用的靶位，使抗生素不能与该靶位结合，也就不能发挥作用；（3）细菌可以主动调整细胞膜的通透性，使抗生素不能进入，或利用外排机制将药物排出；（4）细菌可以通过分泌细胞外多糖蛋白复合物形成生物被膜，从而将自身包裹。这些耐药机制，往往不是相互独立的，细菌可能同时获得多个不同的耐药机制，增加自身的耐药性，使治疗愈发困难。此外，已获得耐药性的细菌，还可以通过接合转移的方式，将耐药质粒传播给其他尚未产生相同耐药机制的细菌同伴，帮助它们获得耐药能力。

细菌逐渐获得耐药能力

因为抗生素的不规范使用，原本美味可口的多宝鱼被戏谑地调侃为多"宝"鱼（意在说多宝鱼含有多种对人体有害的抗生素药物）。多宝鱼也暂时性地从大多数的餐桌上悄然消失。

抗生素那些意想不到的用处

近年来，随着人们对滥用抗生素危害理解的加深，不论是临床还是养殖行业都在加强对抗生素的监督与管理。然而，抗生素的滥用有时候其实发生在我们意想不到的方面。

爱美之心人皆有之，青春期是身心发育的关键时期，也是长大成人的必经之路，伴随着自我认知的逐步清晰。想必不少人在青春期都经历过这个时期专属的烦恼——青春痘（痤疮）吧！青春痘产生的主要原因是皮脂分泌过多造成毛囊堵塞，使得毛囊中以痤疮丙酸杆菌为主的多种微生物大量繁殖并产生代谢废物，引起局部炎症反应，临床上多表现为粉刺、丘疹、脓疱、结节等多形性皮损。所以说到底，这场青春痘防卫战，其实就是面部皮肤与多种细菌之间的一场无声抗战。如果能够通过清洁皮肤、清淡饮食、规律作息等多种方式缓解面部皮脂分泌过多的问题，便能够有效缓解青春痘的生长。

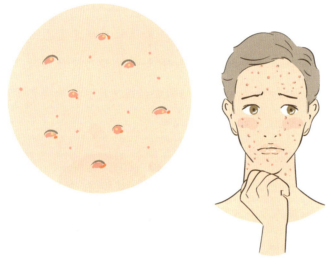

青春期的痘痘烦恼

为了能够"快速消灭"青春痘，一些化妆品和护肤品制造商动起了歪脑筋：他们通过向化妆品和护肤品中添加抗生素成分，快速杀灭毛囊中的细菌，以此实现"良好"的祛痘效果。为了追求消肿、消炎的祛痘效果，这些产品中常违法添加的成分包括抗生素药物（氯霉素、甲硝唑、氧氟沙星等）、抗过敏药物（赛庚啶）、激素类药物（曲安奈德、氯倍他索丙酸酯等）等。如此一来，这些商品表面上看起来效果良好，实际却存在极大的风险。一方面，人体长期接触含抗生素的护肤品或化妆品，容易引发抗生素过敏性皮炎等，甚至会产生耐药性，造成更严重的耐药性细菌感染。而激素类药物容易导致使用部位皮肤发红、发痒，严重的还会导致代谢紊乱，带来更严重的皮肤问题。

另一方面，违规添加的药用成分很可能无法得到合理的监管，因此存在着巨大的安全隐患。据统计，国家药品监督管理局官方网站在某年间公布的抽检不合格的化妆品共 3469 批，其中 190 批为不合格祛痘化妆品，名称中多使用"强效""特效"等夸大其词的描述，不合格的原因主要是激素、抗生素及抗敏药物的非法添加。

所以，我们在选用具有祛痘效果的护肤品或清洁产品时，应当格外关注其主要成分，避免选用含有抗生素的产品，优先选择正规厂家生产的产品，不要轻信商家的产品宣传描述。切莫因小失大，只顾短时间内快速祛痘，反而将皮肤暴露在更大的风险中。

知识窗

可怕的多重耐药菌

根据《多重耐药菌医院感染预防与控制技术指南（试行）》的定义，多重耐药菌主要是指对临床使用的三类或三类以上抗菌药物同时呈现耐药性的细菌。常见的多重耐药菌有耐甲氧西林金黄色葡萄球菌、耐万古霉素肠球菌、耐碳青霉烯类抗菌药物鲍曼不动杆菌和多重耐药结核分枝杆菌等。

正如我们前面提到的，细菌耐药性的产生，通常与抗生素的不规范使用有关，例如抗生素的滥用、不遵医嘱按时按量地使用抗生素等。而医院因为环境特殊、病人病情复杂，更容易出现耐药菌，甚至是多重耐药菌，严重影响病人及医护人员的生命安全，尤其是老年人、免疫力低下人群、ICU 病人等，更是具有较高风险。

多重耐药性的细菌

三、是药三分毒

抗生素是瞄准微生物生长必需成分攻击的药物，就像一颗定位制导的炮弹，能精准定位到有害微生物，并给予它们有效的打击，达到抑制微生物生长或直接杀死微生物的目的。

当然，如此好用的"武器"也不是面面俱到的。自从发现用于治疗各种细菌感染的抗生素（包括天然、半合成和合成化合物）以来，人类也一直面临着它们毒性的问题。抗生素对治疗者本身有毒性作用，各类器官的毒性及过敏反应是与使用抗生素相关的最常见的不良后果。毒副作用是使用抗生素时主要的限制因素。在防治致病微生物引起的疾病时，其中一个重要挑战就是克服用于治疗的药物的毒副作用。对抗生素毒副作用的了解有助于限制它在不同情况下的发生。

"四环素牙"

四环素作为一种老牌抗生素，广泛应用于治疗革兰氏阳性和阴性细菌、细胞内支原体等引起的早期感染，先前一直被普遍认为毒性较小，直到 20 世纪人们才对它的毒性有了进一步的认识。

随着四环素在临床治疗上的广泛使用，它的各种副作用开始逐渐显现出来。服用四环素最普遍的一个症状是会导致牙齿的色素沉积，妨碍牙齿的发育和牙齿重要组成物质——"牙釉质"的形成，这种症状被称作"四环素牙"。

四环素牙的主要临床表现为着色牙呈黄色，在阳光照射下呈明亮的黄色荧光，随病症发展逐渐由黄色缓慢变成棕褐色。除了着色症状外，更严重的是四环素会抑制牙釉质的发育，导致不同程度畸形牙的产生，这让患者的牙齿变得像被雨水长期腐蚀的墙壁一般，触目惊心。

牙齿因使用四环素而被染色

"四环素牙"最先在牙齿未发育完全的孩童身上显现出来，如果婴儿和 8 岁以下的儿童在牙齿发育时使用四环素，可能会导致牙釉质发育不全、牙齿畸形，色素沉积严重的牙齿极易形成龋齿。孩童牙齿未发育完全时会经常服用乳制品，而四环素与乳制品或抗酸剂同时服用却是禁忌，因为它们会形成螯合物，就像是在牛奶中加入了胶水，形成了难以被消化吸收的物质。这样不仅不能产生任何治疗效果，反而使螯合物更容易在牙齿上沉积，导致婴儿和儿童棕色牙齿以及骨骼发育迟缓的现象十分普遍。另一方面，准妈妈们在孕期服用四环素可能会对胎儿产生影响。因为四环素被排泄到母乳和胎盘液中，会妨碍胎儿骨骼的成长，孕妇在孕期的最后三个月服用四环素，四环素会积累在胎儿的骨骼中，增大胎儿畸形的概率。

知识窗

牙釉质的保护

牙釉质是乳白色的半透明物质，极为坚硬，有助于撕咬和磨碎食物。它具有耐磨、耐腐蚀的特性，有效地保护着我们的牙齿组织。牙釉质的钙化程度越高，透明度就越高。一旦牙釉质受损，牙齿的防护能力就会大大降低，导致龋齿快速发展，牙痛也就不远了。这就好比给铁表面涂漆或者镀上防锈层，铁就不容易生锈了，可是一旦保护层脱落，铁就会被迅速腐蚀。

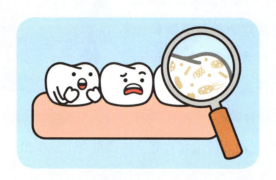

细菌更易攻占失去牙釉质保护的牙齿

因此，保护好牙釉质至关重要，日常刷牙可有效降低细菌对牙釉质的破坏作用。

随着四环素类抗生素的副作用被人们熟知，此类抗生素在我国的使用得到了严格的管控。"四环素牙"的多发群体一般是50后到80后，对现在的我们而言可能更加遥远了，但是"四环素牙"的确是让那一代人对抗生素的副作用有了深刻的认识。

"黑化"元凶——多黏菌素 B

扫码了解有关新冠病毒的精彩故事

2020年的新型冠状病毒感染像一场风暴席卷了全球，在这场与病毒的较量中无数名医务工作者前赴后继。其中就包括某市中心医院的易医生和胡医生。

作为救治新冠肺炎患者的一线工作者，他们冲锋在前，很不幸感染了新冠并成了重症患者。两位医生都是在2020年1月底前后确诊，当时病情都很重，都做了气管插管并用"人工肺"进行救治。经过两个多月的救治，他们的皮肤不仅伤痕累累，而且都有明显变黑的迹象。

医生肤色的变化在当时引起了社会各界的广泛关注，一张黑色的脸着实让人看得心疼。"白衣"变"黑脸"，背后元凶究竟是谁？是新冠的某种并发症？还是救治过程不当？最后主治医师给出的答案是：他们都使用了一种叫作多黏菌素 B 的药物。

多黏菌素是由多粘类芽孢杆菌产生的一组环肽类抗菌药物，主要针对革兰氏阴性细菌感染有较好疗效。多黏菌素常以雾化的形式治疗囊性纤维化（肺部感染的首要并发症）。目前应用于临床的有多黏菌素 B 和多黏菌素 E。

多黏菌素

多粘类芽孢杆菌产生的肽类可拮抗细菌和真菌。拮抗细菌的抗生素包括多黏菌素。多黏菌素由多种氨基酸和脂肪酸构成，可以破坏细菌细胞膜的完整性，从而增加细胞膜的通透性，使细胞质成分外渗，最终导致细菌死亡。

多黏菌素的副作用，以肾毒性及神经毒性最为常见，而引发皮肤色素的沉积是近几年才引起了人们的关注。2018 年，一项前瞻性的研究统计了 247 例使用多黏菌素 B 静脉治疗的患者，结果显示皮肤色素沉着的发生率较高，达到了 8.1%，但目前对多黏菌素 B 的皮肤色素沉着发生机制并不清楚，尚无公认有效的预防和治疗手段。通过有限的数据来看，这种主要集中在头面部的色素沉着是可逆的，停药后数月即可恢复到原本肤色。

易医生目前已经出院过上了正常的生活，他的肤色也得到了明显的恢复；但不幸的是，胡医生在康复治疗过程中出现脑出血，永远离开了我们。"黑化"元凶——多黏菌素 B 让我们看到了新冠病毒的可怕与抗生素治疗的另一面，同时也让我们对一线的医疗工作者有了更崇高的敬意。

"大"伤耳肾的庆大

庆大霉素，是一种使用较早的糖苷类抗生素，也是我国独立自主研制成功的广谱抗生素。对它的研制开始于 1967 年，1969 年底成功鉴定，取名"庆大霉素"。

我国早期抗生素的研制

庆大霉素最初被称为艮他霉素或正泰霉素（Gentamycin 的音译）。这种抗生素最早是在 1963 年由国外发现，我国则是在 1965 年由中国科学院福建微生物研究所从福州湖泥中分离出庆大霉素的产生菌——小单孢菌。1969 年，庆大霉素开始投入生产并应用于临床。当时正值中华人民共和国成立 20 周年暨"九大"召开之际，因此取名为"庆大霉素"，旨在庆祝"九大"会议和工人阶级的伟大成就。由于"庆大霉素"的发音与 Gentamycin 相似，因此这个名字沿用至今都未曾改变。

就像它名字里"大"字一样，庆大霉素对细菌的杀灭作用非常显著，能对细菌大刀阔斧地进行杀伤，并且不容易产生过敏反应。但在使用这种抗生素的早期，提纯和服用方法都比较模糊，结果导致经常会过量服用，"大"剂量糖苷类药物在体内特定器官（例如耳蜗、肾脏等）内累积，导致大量活性氧自由基产生。适量的活性氧自由基有助于维持体内的代谢水平，而过量的活性氧自由基会导致人体正常细胞和组织的损坏，引起多种疾病。活性氧们就像帮助体内细胞运动的"教练员"，合适的运动量可以维持人体细胞的健康，过量的运动则会使细胞们不堪重负。

耳损伤是庆大霉素毒副作用的一种典型表现。我们负责听觉的耳朵最容易受到糖苷类抗生素的损害，耳朵的两个区域会受到氨基糖苷毒性的高度影响：耳蜗和前庭。起初使用氨基糖苷类抗生素治疗可能导致活性氧运动的不平衡，耳蜗感觉区神经细胞的变性：活性氧"教练员"过多地训练耳蜗神经细胞，把耳蜗感觉区域的神经细胞"累趴"了，一旦感觉细胞不再工作，就可能永久丧失听力。

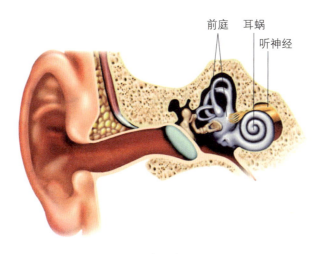

人耳的基本结构

具体来说，耳蜗基部受损的细胞对高频声音的处理能力可能会受损或永久丧失，而耳蜗顶端受损则会丧失对低频声音的处理能力。这意味着如果耳蜗细胞受损，我们将不再能欣赏美妙的歌曲，音乐在我们耳中将会是千篇一律。更严重的是，高剂量和长时间接触氨基糖苷类药物可造成耳蜗和前庭感觉细胞的不可逆损坏，尤其在婴儿阶段，这意味着彻底的耳聋，十分可怕。而在中低收入国家，由于成本低、疗效高和可获得性大，接触氨基糖苷类抗生素的新生儿病例较多。

除此以外，以庆大霉素为代表的氨基糖苷类抗生素也存在肾脏毒性，究其原因是高剂量的氨基糖苷在肾脏中积聚，肾脏的代谢压力巨大，这就像过多的食物积累在胃里消化不了一样。氨基糖苷类药物口服吸收差，严重的革兰氏阴性菌感染患者需要静脉或者肌内注射氨基糖苷类药物进行治疗。由于这些药物不经肝脏代谢，大约10%的给药剂量都会在肾脏内积聚。在接受氨基糖苷类药物治疗的患者中，10%～25%的患者存在剂量依赖性肾毒性。我们正常的饮食中很多物质都要经由肾脏代谢，过量的氨基糖苷无非是压垮骆驼的稻草，会导致肾小管坏死、肾小管阻塞等，最终使肾脏血管阻力增加和肾血流量减少，这就是庆大霉素肾脏毒性的作用形式。

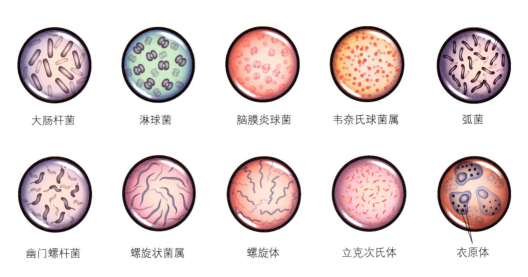

大肠杆菌	淋球菌	脑膜炎球菌	韦奈氏球菌属	弧菌
幽门螺杆菌	螺旋状菌属	螺旋体	立克次氏体	衣原体

常见的一些革兰氏阴性菌示意图

庆大霉素如今仍然在临床医疗和科学研究中扮演着重要的角色，这类氨基糖苷类抗生素副作用的广泛研究与数据积累，毫无疑问能帮助我们更合理地使用这种药物。

"超级明星"的陨落——氟喹诺酮

随着医药学和药理学的发展，如今科学家对抗生素的提纯方法和毒性控制能力实现了质的飞跃。人们对于抗生素的服用量和禁忌事项有了初步的了解，一些对人体毒性较大的抗生素逐渐被替代，但有关抗生素毒副作用的报道仍然层出不穷。

喹诺酮类抗生素就是其中之一，它开发于 20 世纪 60 年代，通过阻断一种名为 Ⅱ 类拓扑异构酶的酶来杀死细菌，这种酶通常在细胞复制过程中解开并切割细菌的 DNA 双螺旋结构，然后修补切割。喹诺酮类药物能与这种酶结合，阻止细菌 DNA 的修复，使细菌不再分裂。喹诺酮类抗生素就像一把大锁，将细菌死死地束缚，让其不再一生二、二生四，直截了当地遏制了细菌的生长。

喹诺酮类化合物凭借着自己的高超本领逐渐地成为抗生素中的"超级明星"。20 世纪 80 年代，研

被抗生素锁住的细菌

究人员在喹诺酮类化合物的结构中添加了"氟原子"，使抗生素能够穿透包括中枢神经系统在内的全身组织，这就相当于给了它在人体内畅行的"许可证"，喹诺酮类化合物带着"氟原子"可以很容易地在体内到达病灶区域并发挥作用。不仅如此，研究人员还一并提高了它们对抗各种细菌感染的有效性。氟喹诺酮类药物成为世界上最常用的处方药之一，是真正意义上的后来者居上，不负其"超级明星"之名。

可是，在医疗网站和相关群组中，有成千上万接受过氟喹诺酮类药物治疗的病友们聚集在一起分享经验。其中，有许多人描述了一种破坏性的疾病：包括从精神、感觉障碍到停止服药后持续存在的肌肉、肌腱及神经问题等。他们称之为"floxed"（意思是服用了氟喹诺酮类药物的人）。2008 年，美国食品药品监督管理局（FDA）宣布了"黑匣子"警告，在服用氟喹诺酮类抗生素的患者中发现了肌腱断裂的现象。2013 年，又发现它的使用会增加不可逆神经损伤的风险。

对"超级明星"的指控似乎还不止于此。随着警报的增加，越来越多的患者对药物制造商提起诉讼，声称他们并没有充分了解风险。2015 年 11 月，FDA 投票决定，基于该机构已经明确的 178 例病例，将氟喹诺酮类相关性残疾

（FQAD）视作一种综合征：健康人服用氟喹诺酮类抗生素治疗轻微疾病后致残或发展为不可逆转的疾病。此外，FDA 还注意到：氟喹诺酮类药物在严重不良事件报告中的残疾比例比其他抗生素高得多，包括神经损害、泌尿系统损害和皮肤及其附件损害在内的多种不同的不良反应。

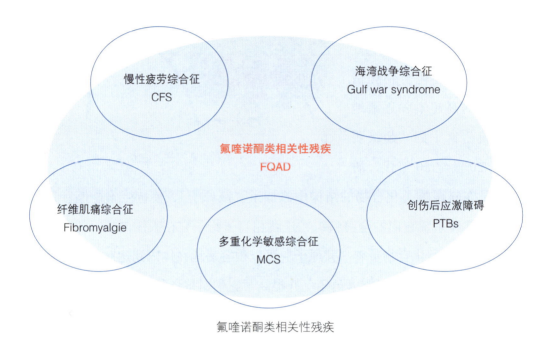

氟喹诺酮类相关性残疾

"超级明星"氟喹诺酮类抗生素最终在 21 世纪走下了神坛……

即使在科学技术飞速发展的今天，抗生素毒副作用的发现仍是一个漫长的过程，需要时间和不同人群的不断检验。这也警醒我们面对抗生素时，要充分认识它客观存在的毒副作用，无论是可见的，还是未可知的。

过敏反应——自身免疫的"敌我不分"

在我们的日常生活中，过敏反应也是抗生素比较常见的一种副作用，是机体对自身抗原产生的免疫反应。据统计，每年有 14 万次以上的急诊科就诊是由于抗生素的不良事件，其中约 80% 是由过敏反应引起的，该病症主要表现为皮肤瘙痒、红肿等，严重的过敏甚至会导致休克。

过敏反应

　　正常情况下，人体免疫系统包括抗体、白细胞、肥大细胞及其他物质，它们共同保护机体免受外来物质（即抗原）的侵害。然而，有些人在接触到对大多数人无害的环境化学物质、食物或药物（即过敏原）时，免疫系统会出现过度反应。这就导致了过敏反应的发生。过敏原是免疫系统可以识别并引发反应的分子，有人可能只对某一种物质过敏，也有人可能对多种不同物质都表现出过敏反应。

　　大多数过敏反应是由免疫球蛋白 E 或 T 细胞介导的。从目前临床表现来看，引起过敏反应最常见的抗生素是青霉素，其次是阿莫西林。这两种抗生素相信大家并不陌生，除此以外还有盘尼西林和头孢，这两种处方药物在治疗病菌感染方面同样战功赫赫，但是与此同时它们引起的过敏反应也是极为普遍的。

　　除此之外，很多其他抗生素也可能会是过敏原。不同人群对抗生素过敏的症状很多情况下是由个体差异性决定的，因此很难去直接判定服用哪种抗生素会导致过敏。

　　目前我们判断机体是否会对抗生素产生过敏反应的方法就是"皮试"，即皮肤（皮内）敏感性试验，相信大家在注射青霉素之前都有过把胳膊扎起一个"鼓包"的经历。皮试的原理就是注射一定剂量的抗生素到皮肤内或者皮肤上，通过体液免疫的反应来判断你是不是对这种抗生素过敏。简单来说，如果你的"鼓包"在短时间内没有变大，那就说明你对这种抗生素没有过敏反应；但如果"鼓包"变得红肿且延伸，那你对这种抗生素就可能是过敏的，严重时会导致全身皮疹。皮试能综合多种因素反映机体的实际免疫状态，简单易行，结果可信度大，所以在首次使用某种抗生素时，我们一定要确认好自己的身体会不会对这种抗生素产生过敏反应，这样才能在一定程度上确保我们安全地使用这种抗生素。

医生正为患者进行皮试

抗生素过敏可能听起来不像之前描述的毒性作用那么可怕，似乎和花粉、海鲜过敏没什么不同。可是只要你对某种抗生素过敏，一般就意味着你终身不能使用这种抗生素，也就是说如果你不幸被细菌感染，你是无法使用最直接有效的抗生素武器的，只能依靠机体的免疫或其他手段辅助治疗，这种风险是不言而喻的。

除此之外，抗生素还会引起机休其他的不良反应。因为几乎所有口服的抗生素药物都会给我们的消化道带来或轻或重的不良反应，让我们感到不适，如腹泻、恶心、呕吐、食欲减退等。尽管这些症状是否归因于过敏反应目前仍存在争议，但服用抗生素的确会改变消化道的菌群分布。以肠道菌群为例：肠道的菌群负责肠道中物质的消化吸收和肠道环境的维持，就像是肠道中的"清道夫"。而抗生素的使用会导致其他肠道菌群过度生长，引发过度"清扫"进而引起不同程度的腹泻。这些条件性致病菌的进一步生长甚至会导致它们成为二重感染的感染源，诱发机体产生新的不良反应。总的来说，人们对于抗生素不良反应的认识虽正在逐步完善，但仍有很大一部分的未知空间。

皮疹、水肿、
瘙痒发红等　　呕吐恶心　　结膜炎　　打喷嚏

肿胀　　咳嗽　　胃痛腹泻　　不适

过敏反应的常见表现

　　在了解了那么多抗生素的毒副作用后，你是不是对抗生素望而生畏了呢？其实，我们不必因噎废食，对抗生素敬而远之。目前使用抗生素仍然是针对细菌感染最有效、最安全的治疗途径。我们需要做的是更好地利用"抗生素"这件武器，让它同我们一起在与细菌对抗的战场上奋勇杀敌。

　　首先我们要明确规范使用抗生素的意识，不要有"抗生素包治百病"的错误思想，明确抗生素只是一类普通的药物，是具有毒副作用的，我们需要严格按照药物的使用说明去使用。谨遵医生的处方，当抗生素的副作用出现时，我们也要足够警觉，及时向医生反馈并咨询，作出评估诊断并及时采取相应措施，让抗生素"杀敌一千"的同时，不会让我们"自损八百"。

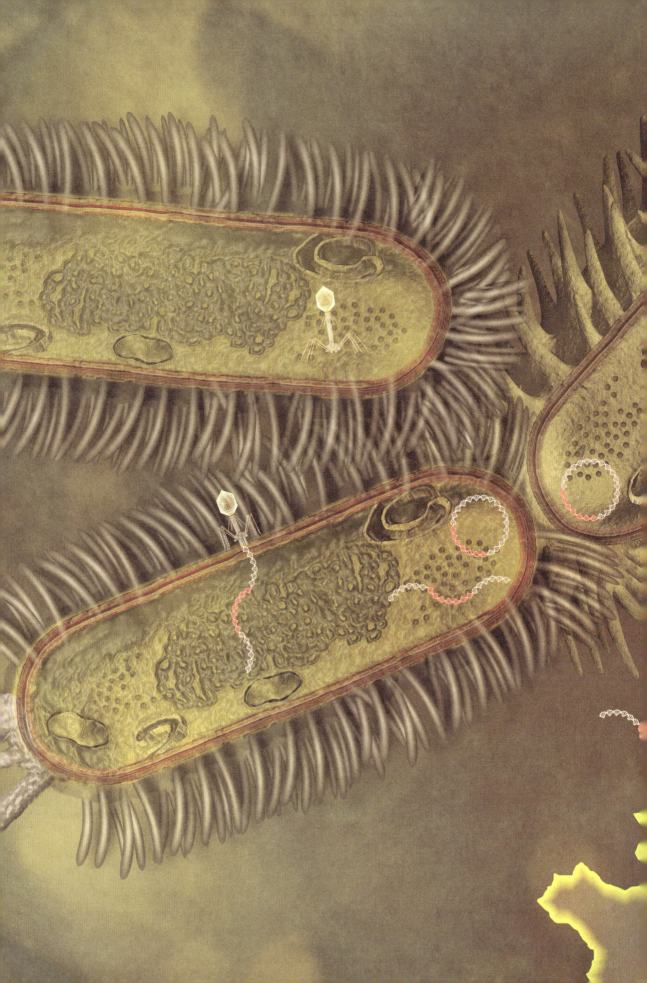

第二章

道高一尺，魔高一丈

——超级细菌的诞生与演化

一、"那些杀不死我的，终将使我更强大"

抗生素的发现是伟大的，抗生素让很多原本无计可施的疾病得到了治愈，挽救了无数人的生命。

然而，随着科学的不断进步，科学家们注意到抗生素并非对所有细菌都有作用，总有些细菌能幸免于抗生素的追杀，科学家将这类细菌称为耐药菌。青霉素的发现者——弗莱明是第一个提出细菌会对抗生素产生耐药性的人。有些细菌甚至能对好几种抗生素都产生耐药性，它们被称为"超级细菌"。世界卫生组织总干事谭德塞说："抗微生物药物耐药性损害了现代医学，使数百万人的生命处于危险境地"，2022年研究显示抗生素耐药性目前是全球第三大死因，仅次于心脏病和中风，超过了艾滋病病毒/艾滋病、乳腺癌和疟疾造成的死亡率。根据世界卫生组织2022年的报告，这类细菌的种类和数量正逐年增加……

知识窗

耐药性与超级细菌

耐药性（drug resistance）：又称抗药性，是指微生物、寄生虫以及肿瘤细胞对于治疗药物作用的耐受性，耐药性一旦产生，药物的治疗作用就会明显下降。

超级细菌：是指一些对多种常用的抗生素都有耐药性的细菌。有耐药性后，抗生素对它们不起作用，因此称它们为"超级细菌"。

置之死地而后生

超级细菌是怎么出现并不断增多的呢？我们经常听到的解释就是"抗生素的过度使用和滥用"。没错，这的确是导致"超级细菌"诞生和增加的重要原因！

那么滥用抗生素为什么会导致超级细菌的产生呢？

"置之死地而后生"出自《孙子兵法》，是说当军队处于生死一线的绝境时，士兵会激发出潜能，奋勇杀敌，最终取得胜利。这道出了环境激发潜能的真理，与著名自然学家——达尔文提出的"自然选择学说"不谋而合。

运用自然选择学说理论来解释"超级细菌"的诞生是非常合适的。前面提到很多"超级细菌"都是在医院被发现的，这是因为医院是抗生素使用量和种类最多的地方。抗生素的发现和使用是人类对抗细菌之战中的伟大胜利，但对细菌来说，这却是一次"灭顶之灾"。而医院又是细菌生存压力最大的地方，巨大的生存压力加速了耐药菌的变异和进化。

知识窗

自然选择学说的核心思想

英国自然学家达尔文通过长年观察自然界中物种的变化，以及系统实证研究，提出了"自然选择学说"。它的核心思想是在物种漫长的进化历程中，有效的资源和生存环境对物种具有"筛选"作用，而物种内部又是多种多样的（基因会发生随机突变），那些能够适应环境变化的物种更好地存活下来，并通过遗传将这部分基因传递下去，而无法适应的物种就会被淘汰掉，简言之，就是"物竞天择，适者生存"。

面对抗生素的步步紧逼，细菌的生存空间越来越小。在抗生素强大的筛选压力下，大量细菌停止增殖甚至被杀伤消灭。然而，仍然有极少数的细菌能抵挡住抗生素的攻击，幸运地存活下来，并最终扩增繁殖，重新形成强大的菌群。更可怕的是，常见的抗生素对这类细菌几乎无效。这类细菌就是令医学界和科学家们头痛不已的"超级细菌"。

"超级细菌"要么拥有非常坚硬的外壳，要么有特殊的装备。总之，抗生素对它们束手无策，"那些杀不死我的，终将使我更强大"。"超级细菌"还在其他小伙伴（噬菌体病毒、细菌个体）的帮助下，将自己的耐药基因快速分享给其他细菌，这样就有越来越多的细菌对抗生素有了耐药性。

迷你剧场

到底怎么样才能不被抗生素杀死？

我们可以把我们的皮变得更厚一些，这样抗生素就进不来了。

对对对，别让它进来！要是不小心有跑进来的，咱们还可以把它再弹出去。

我可以研发一个新的功能，让进来的抗生素没有作用。

总的来说，"超级细菌"诞生的根本原因是基因突变。虽然抗生素的使用不会影响基因突变的随机性，但归根到底，是抗生素的过度使用和滥用起到了筛选的作用，将具有耐药性的细菌保留了下来，加速了基因突变的过程，给"超级细菌"的诞生提供了强大的动力。而一些其他因素，如动物饲养过程中的不当行为、医院排放未经处理的固体和液体废物以及工业和人类废物等，也加速了这一过程。

常见耐药菌的演化历程

下面请几种常见的"超级细菌"介绍一下各自的成长过程：

▌迷你剧场▐

金黄色葡萄球菌

1880 年，我们金黄色葡萄球菌（*Staphylococcus aureus*, SA）由外科医生亚历山大·奥格斯顿（Alexander Ogston）首次从感染患者中分离发现。是最常见的食源性致病菌之一，能引起人畜的感染性疾病。

随着抗生素的使用和滥用，我们的耐药性增强了，耐青霉素金黄色葡萄球菌（*penicillin resistant* SA, PRSA）、耐甲氧西林金黄色葡萄球菌（*methicillin resistant* SA, MRSA）和耐万古霉素金黄色葡萄球菌（*vancomycin resistant* SA, VRSA）便相继出现了，其中耐甲氧西林金黄色葡萄球菌危害最大，致死率高达 25%。

耐药性金黄色葡萄球菌

肺炎链球菌

嗨！大家好！我是肺炎链球菌 (*Streptococcus pneumoniae, S. pneumoniae*)，是常见的革兰氏阳性双球菌，也是儿科肺炎、中耳炎和鼻窦炎标本中检出率最高的病原菌。据世界卫生组织（WHO）资料，全球每年死于我们感染的患者约 160 万，仅次于结核病，中国肺炎链球菌感染性疾病的发病率居于全球前列。

在抗生素等药物的选择压力下，我们结核分枝杆菌（*Mycobacterium tuberculosis*, MTB）不断进化，终于有了耐药菌株，引发致命的耐多药结核病和广泛耐药结核病。目前为止，结核病仍是全球致死人数最多的单一传染病病原体。

结核分枝杆菌

从不断升级的耐药性金黄色葡萄球菌到引发肺炎的"狡猾杀手"肺炎链球菌，再到顽固的结核分枝杆菌，这些细菌在与抗生素的"军备竞赛"中不断升级。它们通过基因突变、共享耐药基因（像交换游戏装备一样），甚至"装死"休眠来逃避药物攻击。尽管科学家们正在用新药和疫苗进行反击，但人类过度使用抗生素的行为，也在加速这场进化竞赛——保护健康，从合理用药开始！

科学小故事

滥用抗生素引发的健康危机

抗生素的过度使用和滥用有很多负面影响。《消失的微生物——滥用抗生素引发的健康危机》的作者是一名研究细菌的科学家，他在书中详细说明了美国在过去 70 年滥用抗生素对美国人民健康造成了各种各样的影响，包括肥胖人数增多、哮喘、过敏、孤独症等多种多样的慢性疾病，其实都是体内的细菌群被过度使用的抗生素扰乱导致的。他通过研究表明抗生素可能通过改变肠道微生物影响健康，并且在小鼠实验中发现：出生后就接触含抗生素的饮食的小鼠，在成年之后会长得更胖；母鼠自然分娩和喂母乳的过程，通过母鼠传递"菌脉"给新生的小鼠，可以让新生小鼠肠道内建立起有益的菌群。

二、超级细菌的花式反击

随着抗生素在医学、农业、食品等多个领域的推广与普及，食物变质的元凶偃旗息鼓，伤口腐烂的罪魁祸首不再嚣张，人类的生产生活质量得到了极大的改善。抗生素的功效立竿见影，它在日常生产生活中的应用也更加广泛。

抗生素和超级细菌的博弈持续了几个世纪，可谓是"道高一尺，魔高一丈"。随着科学的发展，新型抗生素、改良版抗生素不断被研发出来，但同时也有新型超级细菌陆陆续续走进人类视野。这些细菌有何特殊之处呢？它们又是采用何种策略来应对抗生素的攻击的呢？

直面威胁，见招拆招

平安夜刚刚过去没多久，印度新德里的街头随处可见圣诞节和元旦的影子。家家户户门口挂着的灯笼还未摘下，在五彩斑斓灯光的点缀下，整座城市显得喜气洋洋。

苏哈托近几日非常开心。几天前工作在外的小女儿卡米妮送来了问候，她将在今天抵达新德里和一家人团聚。"已经快黄昏了呢！今天女儿就要回家了，我得早一点回去，给她做她喜欢的饭菜。"苏哈托越想越开心，连困扰了他将近一个月的腹绞痛都觉得舒缓了不少。他迫不及待地给自己的小面包店打了烊，忽略掉胃部的不适，骑上自己的小型三轮敞篷车愉快地下班了。

新德里的郊外，一排排房屋鳞次栉比，黄昏下的村庄升起了袅袅炊烟。刚回到家的苏哈托正打算做一桌大餐迎接回家的女儿，却突然感觉到一阵熟悉的腹痛。没过几分钟，腹痛感越来越强烈，愈加严重的胃绞痛使苏哈托不得不停下手里的活，捂着胃瑟缩在厨房的角落里。

突然，一阵恶心感迅猛地涌上来，苏哈托赶紧踉踉跄跄地跑去卫生间，一阵呕吐过后，他虚弱无力地瘫坐在旁边。

卡米妮回到家中，第一眼看到的就是苏哈托靠坐在卫生间的墙边，打着寒战却浑身发烫。卡米妮心中一惊，连忙将昏睡过去的父亲送去医院。

院内，萨特医生详细地询问了苏哈托的病情并进行了仔细的检查，快速扫过病历本上的内容。萨特医生的眉头越蹙越紧。

"苏哈托先生，病历本上显示，您一个月前就因为腹痛来医院接受过治疗了，医院怀疑您的症状是胰腺炎，并进行了一周的住院治疗。在使用美罗培南做了对应的抗感染治疗后，您好转并且出院了，是吗？"

"是的，我一个月前确实接受过治疗，并且康复了。"苏哈托想了想，继续说，"萨特医生开的药我也有继续吃，但出院不久后又开始腹痛了。我觉得继续吃点药就好，便没有在意。但是今天肚子疼得特别厉害。"

萨特医生拿着记录本仔细地记着，"这几天有其他不适吗？您刚入院的时候有 39.4℃呢，常见的炎症是不会引起这样的高烧的，您再回忆一下吧。"

"这几天我一直感觉胃绞痛，而且经常会恶心乏力，严重的时候还有过六七次的呕吐。最近几天感觉有点发热，还有点打寒战。"苏哈托一次性说了这么多话，有点喘不上气，大口大口地呼吸着，看起来累极了。

细心的萨特医生观察到了这个细节，"您活动后会常常感觉胸闷气短吗？有没有心悸或者呕血现象呢？"

苏哈托挥了挥手说："没有呕血，不过经常会感觉胸闷气短，也会有心悸。"

萨特医生听闻，脑海中迅速地进行各种疑似病因的肯定和排除。最后，他问出了另一个关键问题："苏哈托先生，请问您这段时间感觉泌尿系统或者排泄系统有什么异常吗？"

苏哈托点了点头："有点尿频尿痛……"

一番问询下来，萨特医生将病因大概确定在肺部、消化道和尿道中，之后安排了尿检、肺部微生物培养等一系列的检查。"亲爱的苏哈托先生，挂完这瓶消炎药水之后，您休息吧。检查结果出来后，我会第一时间过来告诉您。"

苏哈托轻轻地点了点头，想感谢一下医生，却实在没有了力气，不久便在病床上沉沉睡去了。

而此时静谧的病房里，却有一处战场战况惨烈，双方正打得不可开交……

疾病微视界

苏哈托的肠道、尿路和肺中……

双方军队正在血管里紧张地对峙。正义方是英勇的抗生素战士，他们在几十分钟前刚刚通过静脉注射进入苏哈托的体内，并随着四通八达的血管通道被运送到这些恶魔集中的部位——病灶。

抗生素战士在医学界声名赫赫。面对入侵人类身体的各种穷凶极恶的细菌，他们从不退缩，也鲜有败绩。几乎每次都能在最短时间内彻底消灭敌方的细菌兵团。他们是保卫人类健康的勇士，是我们人类忠心的伙伴，也是细菌病魔入侵时的希望。

抗生素与细菌正激战

而现在，抗生素战士们已经在肺部、肠道、尿道集合完毕，他们做好了迎战细菌的准备，随时准备攻城，解救被细菌劫持的城民——细胞。

"细菌，你们快出来迎战，今天让我们决一死战吧！"抗生素战士们情绪激昂地喊道。

城楼上的细菌一脸不屑地说："我当是谁呢，原来是抗生素呀，你们遇到我们可就倒霉了！我们可不是普通的细菌，我们是拥有强大的武器的新型细菌，你们可以叫我'超级无敌细菌'，简称——超！极！细！菌！"

细菌嚣张的话还没说完，抗生素战士便一跃而起，向细菌发起猛烈的攻击："我们不管你是什么细菌，入侵人体且致病的细菌都是坏细菌，我们要消灭你们！"

被打断的细菌恼羞成怒，气愤地说："那就让你们见识一下我们的新式武器，尝尝我们的厉害吧！"

说完，细菌们从怀里掏出一颗颗手雷一样的武器从城墙上丢下来，密密麻麻，像一场漆黑的酸雨。

而被这种神秘武器砸中的抗生素战士瞬间就像被捆绑束缚住了一样，身体僵硬，没办法继续攻击了。这些手雷一样的武器越来越多地吸附在抗生素身上，像摆脱不掉的胶

抗生素与细菌的交锋现场

水。更恐怖的是，抗生素战士们发现自己的身体正在被逐渐溶解，从外周到核心，迅速变得透明，最后散落成一颗颗小零件被血液冲走。

一批又一批的抗生素战士惨烈地牺牲了，抗生素战士们毫不退缩，奋勇向前，抗争到最后一刻。但令人绝望的是，细菌们的神秘武器竟然

取之不尽，用之不竭！

仔细一看才发现，这些神秘武器是细菌自己生产的。每个细菌都可以快速生产出大量的秘密武器，然后投掷出来。也就是说，他们的存在狠狠地压制了抗生素的效用，他们此刻成了抗生素战士的天敌！

最终，所有抗生素战士都被打败了。这血流成河的战场上，激烈的厮杀过后，抗生素片甲不留。而万恶的敌人——细菌，正越发嚣张地扩大自己的城池。

熟睡中的苏哈托此时面色突变，胃里一阵翻江倒海的痛感。他从熟睡中清醒过来，痛苦地蜷缩起来。怕影响到旁边熟睡的小女儿，他克制着自己不发出声音。但越来越严重的痛感和呼吸困难使他开始大口喘气，很快惊醒了陪护的卡米妮。卡米妮急忙起身去找医生。一番治疗后，苏哈托安静下来。可是大家明白眼下的平静只是暂时的，苏哈托的病情会在不久后复发。

而这一切的罪魁祸首，就是入侵到苏哈托身体里的身份不明的神秘细菌。

几天后，萨特医生终于拿到了检测结果。办公室里，萨特医生对卡米妮分析起了苏塔托的病情："我们在您父亲的尿液标本中分离出了一株肺炎克雷伯菌。这株细菌对多种抗生素，尤其是碳青霉烯类抗生素具有耐药性，所以我们目前常用的抗生素很难杀伤这种细菌。希望你们能继续住院观察，我们也会尽快化验其他部位的样本，及时治疗他的突发情况，并持续跟进您父亲的病情。"

卡米妮十分配合，并做好了长期照顾父亲的准备。只是看到病床上迅速瘦削下去的父亲，卡米妮十分难过。

目送卡米妮出了办公室，萨特医生的面色凝重起来。他没有说的是，碳青霉烯类抗生素已经是目前抗菌谱最广、抗菌活性最强的非典型 β-内酰胺抗生素了。它对 β-内酰胺酶稳定，而且毒性低，是治疗严重细菌感染最主要的抗菌药物之一，通常被认为是紧急治疗耐药性病症的最后方法。而苏哈托体内的菌株，恰恰对碳青霉烯类抗生素耐药。想到这些，萨特医生叹了口气，揉了揉眉心，迅速投入到了接下来的研究中，想尽快找到一点线索。

三月份时，医生们又在苏哈托的粪便标本中分离出了同样对碳青霉烯类抗生素耐药的大肠埃希菌（俗名大肠杆菌）。萨特医生和医疗团队对比

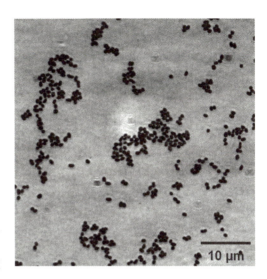

电镜下的肺炎克雷伯菌

分析了两株菌的所有检测信息，出乎人意料的是，这两种截然不同的细菌竟然有一个共同点：均存在一种新的金属β-内酰胺酶（Metallo-β-lactamase，MBL）。而这种酶就是苏哈托身体内细菌的秘密武器——攻击抗生素战士们的手雷，它可以让绝大多数抗生素失去效力。

知识窗

直击对方面门——分泌灭活酶或钝化酶来破坏抗生素

超级细菌应对抗生素的第一种策略是产生灭活酶与钝化酶。超级细菌可以产生一种或多种水解酶或钝化酶来水解或修饰进入细胞内的抗菌药物，使其在到达靶位之前就已失活，换言之，抗菌药物在作用于细菌之前就被酶破坏而失去抗菌作用。这些灭活酶可由细菌的质粒和染色体基因表达。细菌产生的灭活酶主要有：β-内酰胺酶、氨基糖苷类钝化酶、氯霉素乙酰转移酶等。水解酶、灭活酶等特殊的细菌分泌物是超级细菌刺向抗生素的一大利器。

更棘手的是，这种酶由一种新的超级耐药基因编码，称为 NDM-1 基因。这种超级耐药基因可以在细菌之间传递，从而使对抗生素敏感的细菌也获得耐药性，增加治疗的困难。萨特医生在苏哈托的临床样本中分离出的大肠埃希菌和肺炎克雷伯菌中发现了这种基因。而这两种细菌又都是十分常见的细菌，可以说是 NDM-1 基因把它们变成了"超级细菌"。

至此，苏哈托体内细菌的撒手锏终于被查清楚了。

经过萨特医生和医疗团队的彻夜研究，他们终于找到了可以医治苏哈托的药物：替加环素和多黏菌素。这两种药物可以阻止苏哈托体内的细菌分泌秘密武器——金属 β-内酰胺酶，苏哈托终于有了康复的希望！

这些超级细菌很快引起了医学界的高度重视，令人棘手的耐药性为人类敲响了警钟。因为这些菌是在印度首都新德里首次发现的，抗生素耐药性领域的医学专家将这种变种基因命名为新德里金属 β-内酰胺酶（New Delhi metallo-β-lactamase-1），即 NDM-1，同时以 "^{bla}NDM-1" 来命名编码 NDM-1 的基因。

近些年，科学家们发现，大多数 NDM-1 新型变种基因出现在大肠杆菌和肺炎克雷伯菌中。这种超级细菌跨越不同的细菌种类，除了替加环素和多黏菌素以外，这种细菌对其他抗生素都具有耐药性。然而，随着抗生素的滥用，这类超级细菌也开始适应这两种抗生素的攻击。在部分患者身上，甚至这两种抗生素也不起作用了。

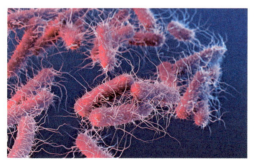

大肠杆菌

肺炎克雷伯菌

与此同时，令人担心的事情也在悄悄出现。这种耐药菌从最早出现的印度、巴基斯坦等南亚国家开始渐渐传播到其他国家。有不少英美等国的游客前往这些南亚国家接受价格低廉的整形手术，使这种基因借机传播。空中旅行和移居也使这种 NDM-1 基因在不同国家和大陆之间迅速传播。美国疾病控制和预防中心后来在美国发现 3 例这种病例，建议医生们对在南亚接受过手术的病人特别关注。据统计，印度、英国、美国、中国、加拿大等都有因感染此类超级细菌而死亡的病例。

很多科学家们担心未来这种超级细菌可能将在全世界蔓延。此外，NDM-1能轻易地从一种细菌"跳"到另一种细菌，科学家忧虑 NDM-1 与危险性病毒结合，变成无法医治的人传人病毒，并且这将是一种多重耐药性的细菌，一旦在全球散播，抗生素作废的时期将拉开序幕。

当然，医学界也有比较乐观的声音，生命科学和医学的研究一直在开展，新型抗生素的研发和新的治疗策略给我们带来了信心。这场超级细菌与人类之间的博弈，高下尚未分明……

筑起被膜，防御升级

抗生素的攻击使细菌大军苦不堪言，大部分细菌在抗生素面前溃不成军时，有一部分细菌却非常幸运地存活了下来，而它们有一个共同的特点——穿了一件特殊的"大衣"。原来面对抗生素的筛选压力，"超级细菌"除了主动出击之外，还有完善的被动防御策略。细菌被膜是细菌的一种特殊防御形式，常用于保护自身菌体。狡猾的"超级细菌"们筑起了一道道防火墙，将抗生素的攻击隔绝在外。

知识窗

新型防弹衣的获得——形成特殊生物被膜以降低伤害

部分超级细菌通过加固细菌被膜来强化物理防御。细菌被膜是细菌用于吸附在惰性物体，如医学材料或机体黏膜表面后形成的一种特殊的生存形式，抵挡抗生素的效果显著。这也是此类超级细菌能让许多慢性感染性疾病反复发作和难以控制的主要原因之一。当细菌有被膜的形式存在时，耐药性明显增加。研究发现被膜的耐药机制主要有渗透屏障机制、代谢休眠机制和微环境异质性等，不同机制间还存在协同作用。

故事发生在蒙特利尔——加拿大的主要港市。超市里，售货员将新鲜的货源铺满货架，准备迎接即将下班的采购大军。

乔治爷爷结束了一天的工作，随着下班的拥挤人流一起奔向了火爆的大型超市。

"超市的冷冻虾太美味了，前几天吃过一次，鲜美的味道让人念念不忘，今天我可一定要再抢几盒尝尝！"乔治爷爷一边想着，一边拖着购物车向阳光超市的冷冻区奔去，腿脚之麻利，一点都不像一个年过六旬的老人。在熙攘的人群中，乔治爷爷率先抢购了满满两大盒冷冻虾，还有几盒新鲜的牛肉。提着一大袋的战利品走出超市的大门，一股自豪在乔治爷爷心底油然而生。

大家在超市选购后收获颇丰

傍晚，乔治爷爷坐在餐桌前悠闲地享受着自己精致的厨艺作品，仿佛一天的疲惫都不见了。"冷冻虾真是世界上最美味的食物，等冰箱里的冷冻虾吃完，我得再去超市抢购几大盒才好！"乔治爷爷小声嘀咕道。

然而，计划赶不上变化，乔治爷爷没能如愿前往超市抢购冻虾——他似乎病了。

起初，乔治爷爷以为自己着凉了，"天气突然变冷了吗？为什么我好像感冒了。"乔治爷爷非常自觉地更换了更暖和的衣服，希望自己早日康复，这样就不用担心传染他人了。

然而几天过后，乔治爷爷从轻微的咳嗽、咳痰，到渐渐气喘。开始感觉四肢无力，更棘手的是，他开始发烧了。从轻微的发热到后来的高烧不退仅用了几天时间。"这种感觉真是太糟糕了，真令人窒息，我得赶紧去看医生了。"持续的高烧让乔治爷爷头重脚轻，昏昏欲睡。他赶紧来到了附近的医院。

年轻的戴维斯医生为乔治爷爷测完体温之后，赶紧安排上了退烧的点滴："乔治先生，你的体温已经达到了40℃，你本应该早些来接受治疗的。"

乔治爷爷没有回应，他太累了，持续的高烧使他精疲力竭。他很快昏睡过去。

办公室里，戴维斯医生翻看着乔治爷爷的过往病历，越看越凝重。

病历显示，乔治爷爷有支气管扩张、慢性阻塞性肺病史，曾反复多次住院，这已经是他今年第3次住院了。老年人肺功能不好是可以理解的，但单纯的肺功能差并不会引起如此来势汹汹的高热。原因不明的高热最是让医生头疼了，潜在的可能性太多了，而且往往每一种可能性都很严重。

输液过后，乔治爷爷终于恢复了一丝清爽。但这短暂的清醒时间里，他一直在反复咳痰。

"咳痰？"戴维斯医生仿佛想到了什么，在血液检验等的基础上，为乔治爷爷安排了痰标本培养检测，希望能通过这些检测结果找到病因。

就在戴维斯医生还在分析乔治的病因是旧疾复发还是新的未知因素时，

培养皿上肉眼可见的铜绿假单胞菌

痰液培养的结果出来了——在痰液样本里检出了铜绿假单胞菌。

查到罪魁祸首之后，戴维斯医生为乔治爷爷安排了头孢他啶联合环丙沙星经验性抗感染治疗。但出乎意料的是，乔治爷爷咳嗽并没有好转，仍伴有大量黄脓痰，并且高热不退。短短几天，乔治爷爷的病情迅速恶化，严重到最后发生了感染性休克。

戴维斯医生陷入了沉思：支气管扩张、慢性阻塞性肺病急性加重、肺部感染、Ⅱ型呼吸衰竭、氧合情况恶化、神志不清、感染性休克……为什么会这样？明明已经对症下药了。经典的抗生素治疗策略经过了千万次的验证，为什么在乔治爷爷身上没有作用？乔治爷爷几乎没有接触如此广泛耐药菌的机会，又怎么会惹上这样的恶魔？

病情发展没有留给戴维斯医生多少时间，乔治爷爷现在的状况很不乐观，他本身就有肺功能异常的情况，目前正接受着气管插管机械通气治疗，暂时维持着身体的基础机能。

几天后，戴维斯医生的疑惑终于解开了——检出的铜绿假单胞菌对头孢他啶、头孢哌酮、哌拉西林、头孢吡肟、环丙沙星、左氧氟沙星、亚胺培南、阿米卡星等常用药物都有耐药性，也就是说，这株铜绿假单胞菌不是普通的细菌，它是一株泛耐药菌，一株超级细菌界声名赫赫的"绿色恶魔"。

戴维斯医生久久没能回神。这株细菌的泛耐药性，基本否决了目前医学领域所有常用的抗生素，它让乔治爷爷的情况极为被动，直接导致了他面临无药可治的困难局面。而乔治爷爷的情况肉眼可见地持续恶化，高热、大量脓痰、心力衰竭合并呼吸衰竭、休克……

乔治爷爷的身体里……

抗生素战士们和"绿色恶魔"铜绿假单胞菌的斗争已经进入了白热化阶段。在肺部、肠道、周身的血液里，战场上硝烟弥漫，局势紧张。

抗生素战士们组成了一支联合大军，八仙过海，各显神通。他们愤然冲向铜绿假单胞菌的聚集地，准备将细菌一举歼灭。然而，近身实战时却发现这次的敌人更棘手一些——铜绿假单胞菌臃肿肥胖的菌体外面，有一层厚厚的"铠甲"。

"他们的装备怎么这么精密，这层铠甲好坚硬、好致密啊，简直刀枪不入，我们都伤害不到他们！"抗生素战士们一脸凝重地会战。

"哦！可怜的抗生素，我劝你们不要白费力气了，都是无用功罢了，哈哈哈哈哈哈……"铜绿假单胞菌肥硕的身体笑得一抖一抖的。

另一个铜绿假单胞菌听完后附和道："在我们强大的超级细菌面前，任何反抗都是没有用的！"

抗生素战士们没有理会丑陋的铜绿假单胞菌的挑衅，而是仔细地观察起战场。一番查看下来，还真发现了他们致命的秘密。

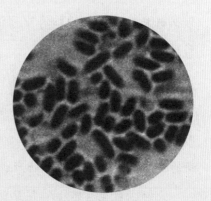

肥胖的铜绿假单胞菌

原来，他们看到有的铜绿假单胞菌刚刚"出生"，这些"婴儿时期"的铜绿假单胞菌并没有被膜。但他们出生之后的一小段时间里，会迅速制造自己的铠甲，在这一小段间隙里面，眼尖的抗生素战士们发现了这一部分尚未装配成功的细菌。

此外，抗生素战士们还发现铜绿假单胞菌的秘密武器——生物被膜的形成大概分成了三个步骤：婴儿时期的铜绿假单胞菌会先扭动胖胖的身体，找到一个"冤大头"细胞，像胶水一样紧紧黏在细胞表面，保证自己不会被湍急的血液和丰富的组织液冲走。

之后，这些狡猾的细菌开始分泌大量胞外多聚糖，把周围的细胞进行包裹、黏附，逐渐形成微生物群落。他们竟然把人体健康的细胞像石头一样砌进自己厚厚的城墙里！更令人震惊的是，在这个阶段里，细菌对杀菌剂、抗生素和紫外线等的抗性均有所提高。

贪婪的铜绿假单胞菌们并没有满足，他们还想要更致密的铠甲和城墙。于是，他们开始进入细胞外多聚基质包裹的阶段。他们将自己包裹于自身分泌的多聚糖基质中，形成了高度有组织的结构。这种结构具有不均质性，且其中分布有可供运送养料、酶、代谢产物和排出废物的通道。这简直就是一个刀枪不入的巢穴！

眼前一个脱落的"铠甲"在抗生素战士们眼前飘过，一个不好的念头在抗生素战士们的脑海中闪过——这个铠甲该不会还可以传承和重复利用吧……

不幸的是，抗生素战士们一语成谶。生物被膜发展成熟后，在外部冲刷力等作用下或是当胞外多糖的生成速率小于其降解速率时，"铠甲"内部的细菌可从中脱落下来，重新转变为浮游状态，在合适条件下寻找新的位点进行黏附，又开始形成更多新的生物被膜。

此时，抗生素不由得想起曾经有科学家用激光共聚焦显微镜观察到，细菌的被膜不是由同代微生物菌落形成的单层细胞结构，而是在时间和空间上世代交替的菌落共殖。

这一认知给了抗生素战士们沉重的打击，这些刀枪不入的绿色恶魔，简直是噩梦一般的存在……

直到抗生素战士们失活，被代谢、降解，也没有找到攻击这些绿色恶魔的办法，他们只能绝望地长眠了。

正在接受机械通气治疗的乔治爷爷昏睡在病房中，周身插着粗细不一、曲折蜿蜒的管子，平时那么喜爱热闹、关注时事的他，错过了蒙特利尔的一则新闻：

"近日，加拿大广播公司（CBC）进行市场调查……发现在加拿大各大超市购买的进口虾身上，抗生素耐药性细菌的种类和数量十分令人担忧，例如大肠杆菌、沙门氏菌、肺炎克雷伯菌和弯曲杆菌等，其中有些已对抗生素产生了耐药性……"

蒙特利尔某大厦的户外水晶屏上也正在转播着近日新闻。这则新闻一经播出，就引起了不少人的关注。

"CBC 记者从多伦多、卡尔加里、蒙特利尔和萨斯卡通四个城市的超市购得 51 袋不同产地和品牌的冷冻虾，送到萨斯喀彻温大学兽医微生物学系的实验室进行检测，其中也包括解冻即食的熟冻虾……结果显示，51 袋虾当中有 14 袋发现了一种或多种细菌。其中有 9 袋所含细菌对至少一种医用抗生素有耐药性……"

也许对于一些市民来说，这则新闻只是茶余饭后的微末谈资，但对于熟知耐药菌危害的人们来说，这则新闻足以让他们不寒而栗。

而此时病房里，戴维斯和一众医护人员根本无暇顾及这些新闻和消息——乔治爷爷又陷入昏迷了。戴维斯医生和他的团队正为乔治爷爷进行紧急抢救。然而，铜绿假单胞菌这个"绿色恶魔"并没有给戴维斯医生调整方案的时间，也没有给乔治爷爷醒来的机会……

医院外的广播还在继续，"全世界每年售出的抗生素，有 80% 是被禽畜养殖业和水产养殖业买走的……养殖场为了防止传染病蔓延，在饲料里加入抗生素，有的地方还用喷洒抗生素的方式杀菌……虾身上的抗生素一方面来自虾饲料，另一方面来自水中的医用抗生素残余……"一时间，食品安全问题引起了大众的高度重视。只是，这究竟是"虾"之错，还是人之祸呢？

近年来，科学家们细致地研究了细菌生物被膜，揭开了它们的神秘面纱：

细菌生物被膜是指细菌黏附于接触表面，分泌多糖基质、纤维蛋白、脂质蛋白等，将自身包绕其中而形成的大量细菌聚集膜样物。细菌生物被膜是细菌为适应自然环境的一种生命现象，由微生物及其分泌物积聚而成。

虾的人工养殖场

细菌形成生物被膜会引发多种感染。病原菌包括革兰氏阴性杆菌、革兰氏阳性球菌，其中葡萄球菌，肠杆菌和肠球菌尤为多见。生物被膜一旦形成，就对抗生素及机体免疫力有着天然的抵抗能力，用抗生素难以彻底清除，只能杀死生物被膜表面或血中导致感染发作的游离细菌。

机体抵抗力下降时，生物被膜中存活的细菌又被释放出来，再次引起感染。生物被膜犹如一个"菌巢"，导致感染反复发作，迁延不愈，形成慢性感染。而插入性医用器械相关的血液感染在医院感染中极为常见，特别是在 ICU 中，其危害严重不容小觑。

而实际生产生活中，用来养虾的河水或池塘已经被人类排出体外的抗生素残余污染，如果养殖场再用抗生素防病消毒，细菌早就练出"金刚不坏之身"了。大部分细菌存在于虾的身体表面，因此冷冻虾解冻后，不论生熟都要好好清洗。因为哪怕是耐药病菌，也可以被高温杀死，所以要烹饪至虾完全熟了才可食用。另外，处理虾最好像处理生肉一样，注意清洁，把它们和熟食分开，及时清洗案板、器皿、刀具和手。

藏起软肋，无懈可击

"超级细菌"应对抗生素攻击的另一种策略是"改头换面"——细菌体内的作用靶位可发生突变或被酶修饰，从而使抗菌药无法与之结合而失效。

如果把抗生素看作一支利箭，那它在对细菌的射击中，能够精确瞄准细菌身上的靶心，并拥有百发百中的能力。这位抗菌界的"神箭手"几乎从未失手，直到遇到一群奇怪的细菌，"神箭手"们犯了难，陷入自我怀疑中：这群细菌几乎没有可供瞄准的靶心，根本无从下手。可见超级细菌的这一策略极大地增加了对抗抗生素的能力，能够从"神箭手"眼皮下轻松逃之夭夭。

知识窗

藏起自我软肋——改变自身抗生素靶位蛋白的结构数量

抗生素作用的靶位发生突变或被细菌产生的某种酶修饰而使抗生素无法结合或亲和力下降，这种耐药机制在细菌耐药中普遍存在。细菌改变药物作用靶位主要有三种方式：

第一种，改变细菌靶蛋白。抗生素结合位点的蛋白质结构发生改变或被修饰，均可导致亲和力的降低。

第二种，产生新的靶位。细菌遗传物质变异产生新的低亲和力蛋白酶，替代原先途径，拮抗抗生素的作用。

第三种，增加靶蛋白的数量。使药物存在时仍有足够量的靶蛋白可以维持细菌的正常功能和形态，保证细菌可以继续生长、繁殖，从而对抗生素产生耐药。

人们正在沙滩享受假期

大名鼎鼎的鲍曼不动杆菌就深谙这一策略……

事情发生在古老而神秘的埃及。

一年马上要过去了，忙碌了一整年后，大家纷纷开启了度假模式。热烈而干燥的风扬起飞舞的沙海，热浪滚滚。科学家蒂芙妮女士和她的丈夫汤姆森先生正在愉快地享受假期。

夫妻俩兴致勃勃地游览了各大著名景点，品尝着埃及的风味美食。然而，美好的假期还没有结束，就出现了一点小意外——丈夫汤姆森的身体似乎有些不舒服。

"汤姆森，你还好吗？如果不舒服，我们去看一下医生吧。"蒂芙妮担心地询问着丈夫。

"没关系，蒂芙妮，我只是有点轻微的不适而已，不用担心。"汤姆森温和地笑了笑，不想影响妻子的兴致，继续陪妻子游玩。

然而时间一点点过去，汤姆森的不适感并没有缓解，他的病情反而加重了。汤姆森痛苦地捂着肚子，被愈加严重的腹部疼痛折磨着，额头上开始冒着虚汗。不久之后，汤姆森开始发烧，而且体温居高不下。随后，汤姆森开始恶心、呕吐，甚至心跳加速。接踵而来的症状让蒂芙妮和汤姆森都意识到这不像一般的感冒。

情急之下，蒂芙妮赶紧把丈夫送到了开罗当地的一家诊所。一番诊断下来，当地医生给出的结果是胰腺炎。于是，接下来的几天里，汤姆森接受了胰腺炎的标准治疗，夫妻俩松了一口气，期待着汤姆森的康复。

然而，出乎意料的是，汤姆森并没有好转，病情反而愈加严重了。反复的病情将汤姆森折磨得日渐憔悴。无奈之下，蒂芙妮将汤姆森送到了德国法兰克福一家著名的医院进行救治。

汤姆森的情况不容乐观，德国医生立刻对汤姆森实施了手术。

手术室外，蒂芙妮焦急地等待着，直到医生结束了手术。"蒂芙妮女士，我们从您丈夫的胆管中取出一块结石，手术过程中，我们在您丈夫的胰腺周围发现了巨大的假性囊肿。"约瑟夫医生对蒂芙妮分析着汤姆森的情况，"更棘手的是，我们发现您丈夫的假性囊肿被世界上最糟糕的细菌——鲍曼不动杆菌感染了。"

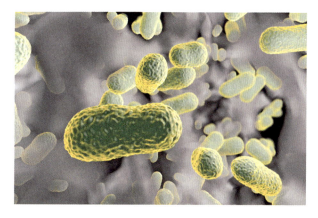

鲍曼不动杆菌

作为一名科学家，蒂芙妮心下一沉，鲍曼不动杆菌不是一个陌生的角色，它的恶名如雷贯耳，已困扰了医生和科学家们很多年。鲍曼不动杆菌究竟是一个怎样的恶魔？竟然如此刀枪不入、水火不侵？汤姆森体内这株尤其厉害的鲍曼不动杆菌又有什么特殊之处？

知识窗

鲍曼不动杆菌

鲍曼不动杆菌（*Acinetobacter baumannii*）是一类非发酵革兰氏阴性杆菌，杀伤性极强，是医院感染的重要病原菌，主要会引起呼吸道感染，也可引发菌血症、泌尿系感染、继发性脑膜炎、手术部位感染、呼吸机相关性肺炎等。

目前世界上有六大超级细菌，是让现有大部分抗生素都束手无策的。它们的名称首字母被缩写成了一个组合"ESKAPE"，而鲍曼不动杆菌，就是这个组合里的"A"。

除此之外，一场战争让它一夕之间被世人熟知——伊拉克战争。相比于武器的巨大杀伤力，鲍曼不动杆菌毫不逊色。在美军的战地医院中，有不少士兵曾感染此细菌，它通过污染医疗器械和医务人员的皮肤来完成快速传播，导致被感染者迅速出现重症，甚至不得不通过截肢来保全性命。鲍曼不动杆菌的高死亡率一度让驻伊士兵和战地医生闻风丧胆。因此，它还有一个为人熟知的别称——"伊拉克细菌"。

更恐怖的是，鲍曼不动杆菌对常用抗生素的耐药性有逐年增加的趋势，这引起了临床医生和微生物学者的特别关注。

因此这个噩耗如当头一棒，让蒂芙尼陷入了深深的痛苦中。

目前的研究中，常用的低副作用抗生素对鲍曼不动杆菌的杀伤力几乎为零。唯一能对抗鲍曼不动杆菌的抗生素是美罗培南、替加环素和多黏菌素的组合，但这种治疗方式有着严重的副作用——会严重损害患者的肾脏并造成不可逆的损伤。因此，这种组合治疗的方式往往是医生最后的选择。

待汤姆森的状况稍稍稳定后，蒂芙尼将丈夫转往圣迭戈健康研究所的医院进行后续治疗。

会诊室中，一场激烈的辩驳正在进行：

医生们就患者病情会诊

"病人的情况已经很危急了，当务之急是控制住鲍曼不动杆菌，不让其在病人体内的肆虐。除非有更有效的新疗法出现，否则美罗培南、替加环素和多黏菌素的组合治疗是目前唯一有效的方案……"一位医生分析了汤姆森目前的处境，并表达了自己的看法。

"或者我们可以参考伊战中的鲍曼不动杆菌感染者的幸存病例，他们当时选择使用老牌顶级抗生素——多黏菌素 E。当然，这么多年的时间里，鲍曼不动杆菌可能在不停地变异，这种疗法具体还有多大效果，我们也不敢保证……"一名医生一边记录一边提出了自己的看法。

最终，医生们还是选择了保守的治疗方法——多黏菌素 E。然而不幸的是，多黏菌素 E 对汤姆森体内的鲍曼不动杆菌毫无杀伤力。

与此同时，汤姆森的病情急剧恶化。他心跳加速、腹部肿胀、白细胞数量飙升、不能呼吸，陷入了脓毒性休克。

脓毒性休克的汤姆森体内……

　　金属针头刺破静脉的管壁，抗生素战士们通过长长的输液管进入汤姆森的身体。刚刚到达战场的抗生素战士们被眼前的一幕震惊了。

　　长长的血管腔内，大量的鲍曼不动杆菌在肆无忌惮地游走，它们攻城略地，所到之处都被破坏得面目全非。

　　整个身体的免疫系统处在一种应激状态，像是不知疲惫的炮车，发射着铺天盖地的炮弹，希望将这些凶恶的敌人尽数歼灭。然而这对鲍曼不动杆菌却丝毫没有影响，反而是机体内正常的细胞和组织被无差别地误伤和摧毁。

　　抗生素们意识到汤姆森更加虚弱了，休克中的汤姆森已经命悬一线。

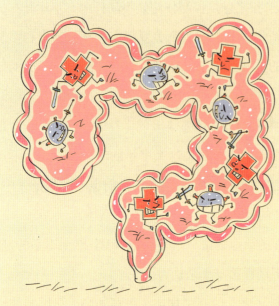

与细菌激战的免疫系统

而鲍曼不动杆菌的大队伍却越笑越猖狂："哈哈哈哈，区区免疫系统，也想消灭我？都是些无用功罢了！"

"愚蠢的免疫系统，看看你们自杀式的攻击，根本没！有！用！"一阵又一阵的嘲笑声响彻了整个身体。

抗生素战士们忍不了了，纷纷握紧了手中的武器，愤声喊道："你们这些恶魔，让我们来消灭你！"之后迅速向鲍曼不动杆菌聚集的地方冲去。

鲍曼不动杆菌却不以为意，眼皮都没有抬一下，仿佛听到了什么笑话一样，冷哧一声："就凭你们？不自量力！"

训练有素的抗生素战士们并没有理会鲍曼不动杆菌的冷嘲热讽，而是瞄准它们滑腻腻的身体，寻找着它们特定的受体，即抗生素进攻需要的特殊的靶心和软肋，时刻准备发起进攻。

寻常的细菌皮肤表面都存在各种各样的受体，抗生素战士们可以轻松地和这些受体结合，从而扼住细菌的咽喉，干扰它们基本的生理活动，彻底掐灭它们生存的机会。

然而，一番寻找之后，抗生素战士们惊奇地发现，这些可恶的坏细菌，几乎没有任何的靶心和软肋。它们几乎完美地隐藏了自身的受体，或是大幅减少了受体的数目，或是把受体改头换面，变得面目全非——总之，抗生素战士们无从下手。

抗生素战士们感觉非常不可思议，他们在鲍曼不动杆菌滑溜溜的皮肤上一遍一遍地寻找着。

鲍曼不动杆菌更嚣张了，非常不屑地扭动着胖滚滚的杆状身体任抗生素战士们瞄准，还不忘阴阳怪气："哼，愚蠢的抗生素，随便你们找，能找到我的软肋算我输。"

原本志在必得的抗生素战士们逐渐傻了眼：真的找不到它们任何弱点！怪不得连大名鼎鼎的抗生素王牌战士们——美罗培南、替加环素和多黏菌素……都拿它们没有办法。一个一点受体都没有的敌人，抗生素战士们怎么攻击？有武器都不知道该攻击哪里。

这种敌人就在眼前，但丝毫不知该从哪下手的感觉好憋屈！

鲍曼不动杆菌阴森森地笑了："我们已经给过你们机会了，下面，该我们出手了。"

说完，一颗一颗的手雷从鲍曼不动杆菌聚集的地方发射出来。细心的抗生素战士们马上发现了危机！不妙！这些手雷怎么如此眼熟？这不是之前在变异的肺炎克雷伯菌身上发现的神秘武器吗？它们虽然不是同一种类型，而且效果弱很多，但是它们却有着相似的功能——破坏或降解抗生素！

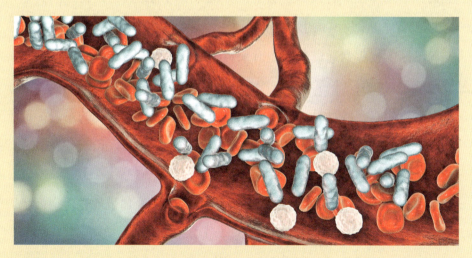

血管内发生的细菌感染

果然，抗生素战士们担心的事情还是发生了，改变了自身抗生素靶位蛋白结构数量的鲍曼不动杆菌，让抗生素无法在第一时间找到其软肋，反而给了它们机会分泌灭活酶。

灭活酶越来越多，被攻击到的抗生素战士们动作逐渐僵化，更有甚者发现自己的身体结构已经在慢慢变得松散，最后抗生素战士们被分解成一粒粒分子，在这个修罗场内长眠。

耳边依稀回荡着大魔头鲍曼不动杆菌嚣张的嘲笑声……

希望这个大魔头的秘密赶紧被科学家们破解，抗生素战士们已经尽力了。

医生们再次紧急会诊，"我们没有选择了，病人现在情况极其危急，我们只能利用病人体内分离到的菌株在最短时间内筛选有效果的抗生素。只要有效，无论什么疗法我们都要尝试，一定要先保证病人的生命！"

一场争分夺秒的比拼开始了，医生们在最短的时间里完成了现有药物的筛选。然而，结果却让所有人都窒息了：汤姆森体内的细菌分离物顽固到令人震惊——它已经对几乎所有抗生素都产生了强大的耐药性……

源源不断的抗生素通过静脉注射来到汤姆森体内，虽然此时的抗生素治疗已经被判处无效，但是除了抗生素疗法，目前并没有其他良策了。

此时的汤姆森已经命悬一线，脓毒性的休克剥夺了汤姆森的意识，奄奄一息的汤姆森几乎失去了大部分的感知。意识全失的汤姆森离死亡只有一步之遥，脓毒性休克的痛苦深深地折磨着他，也折磨着妻子蒂芙尼。

医生下达了最后通知："我们非常抱歉蒂芙尼女士，遗憾地告诉您，我们已经尝试了所有的医疗方案，医院已经无能为力了。"

面对医生的最后通牒，蒂芙妮心里比谁都明白，细菌进化的速度远远快过新抗生素研制的速度。一旦现有的抗生素全都失效，那么任谁都无力回天。

汤姆森前后共经受了 7 次感染性休克，每一次都可能终结他的生命。蒂芙尼能够感受到丈夫在一步步地走向死亡。绝望深深地笼罩着蒂芙尼，明明不久前他们还在度假。但如今，深爱的丈夫即将被鲍曼不动杆菌夺走生命……她怎能轻易放弃？蒂芙妮握着丈夫的手，伏在他耳边坚定地告诉他："医生已经尝试了所有的治疗方法，但是没有一种方法可以杀死这个细菌，我一定会倾尽全力去寻找替代疗法。"

很多年后，痊愈的汤姆森和蒂芙尼再次谈起这段经历。蒂芙尼从来没有过如此庆幸自己是一个科学家，面对丈夫逐渐流逝的生命，整个世界都选择放弃时，只要她还在坚持，就有可能拯救她的爱人。

没有一株病菌可以长久地猖獗，只要世界上还有科学。

大获全胜的抗生素

加强排查，隔绝奸细

在超级细菌与抗生素的大战中，改变自身胞膜的通透性来阻挡抗生素进入是细菌们另一个行之有效的策略。

在革兰氏阴性菌细胞壁的外膜上有很多通道蛋白，这些通道是抗生素药物进入细菌体内的主要途径。然而，当超级细菌接触抗生素后，可以通过改变通道蛋白的性质和数量来降低细菌的膜通透性，不仅使细菌不易受到杀菌物质的影响，还可阻止某些抗菌药的进入，是细菌耐药的有效机制之一。例如，敏感菌可以通过降低外膜的渗透性而发展成为耐药菌，即原有的孔蛋白通道因细菌发生突变而关闭或消失，细菌就会对该抗菌药物产生很高的耐药性。

副溶血性弧菌也偷学了这一策略……

日本东京的一家医院里，持续了整整一下午的手术终于结束了。

主治医生伊藤拓真长舒了一口气，疲惫地完成着最后的整理工作。手术台上，小池阳太脱离了危险。不出意外的话，这场几乎完美的手术将会把折磨了小池阳太几年之久的病魔完全终结。

手术室外，看到麻醉的小池阳太被医疗团队推出来，听着主治医师汇报着病情，小池阳太的亲人也终于松开了紧蹙的眉头，露出了欣喜的笑容。大家都沉浸在小池阳太手术成功的喜悦中，丝毫没有注意到一个不速之客正悄悄逼近。

小池阳太是在手术完成当晚醒过来的。

小池阳太的妈妈慈爱地抚摸着他的脑袋，"亲爱的小池阳太，手术很成功，休养几天我们就可以出院了哦！"

"妈妈说的是真的吗，阳太出院后可以吃冰激凌吗？"小池阳太眼睛一亮，小声问道。

妈妈温柔地笑了笑："阳太不仅可以吃冰激凌，还可以去学校和小朋友们玩呢，小朋友们都想你了。"一想到要去上学，阳太干巴巴地笑了两声。不过想起康复之后可以像以前一样吃冰激凌和去游乐园，他又开心起来。阳太数着日子计算着自己出院的时间，在妈妈的陪伴下，阳太恢复得很快。

小池阳太正忍受剧烈的腹痛

一天晚上，阳太喝完一碗香喷喷的粥，正准备休息时，忽然感觉肚子有点不舒服，阳太没有在意这隐隐约约的腹痛，"睡一觉就好了，明天我又离冰激凌更近一步啦。"这样想着，阳太差点笑出了声，美美地进入了梦乡。

半夜，肚脐附近一阵阵强烈的绞痛袭来，睡梦中的阳太被痛醒了。"阳太，怎么了？怎么看起来这么难受？"妈妈一下子在睡梦中清醒了过来。

阳太捂着肚子痛苦地说："妈妈，我肚子不舒服，我想吐。"

刚把阳太抱进卫生间，阳太就忍不住了，胃里翻滚的食糜一阵一阵地上涌，他抱着马桶就呕吐出来。

妈妈扶着阳太，看着他虚弱地趴在马桶旁边，心疼地拍了拍他的后背，给他递了一杯水漱口，"阳太，现在感觉好点了吗？肚子还痛吗？"

阳太渐渐找回了知觉，这阵腹痛来得太突然了，他现在有点脱力。

"别担心，妈妈我还好，现在不疼了，我们回去继续休息吧。"阳太皱巴巴的小脸终于舒展开，虚弱地安慰妈妈。

妈妈把阳太抱回病房，为他盖上被子，又不放心地摸了摸阳太的额头，还好，感觉并不烫。阳太很快就睡着了，近几天的手术和检查耗费了阳太很多精力，他疲惫地睡了过去。

但阳太妈妈隐隐有些担忧，怎么会突然腹痛和呕吐呢？难道这是手术的副作用？不过医生千叮咛万嘱咐，千万不要出现发烧症状，一旦发烧可能就出现感染了。

尽管阳太并没有发烧，阳太妈妈还是有些许担忧，"明天医生上班以后一定要好好问问他这是怎么回事。"随后，妈妈在阳太病床前守了一会儿，看到阳太确实陷入了沉睡，才终于放心下来，深夜的困意袭来，她终于也沉沉睡去了。

然而，不知睡了多久，病房里又传来隐隐的抽泣声。阳太妈妈再次从浅眠中惊醒。此时外面还笼罩着夜色，没有到黎明时刻。

"阳太，你怎么了？哪里不舒服？"看着半梦半醒的阳太蜷缩在病床上，紧紧地捂着腹部，阳太妈妈急忙把他摇醒。

阳太额头上冒出了一圈冷汗，"妈妈我又肚子疼了，我还想上厕所。"

一番折腾之后，阳太虚弱地躺在病床上。现在的他被腹痛持续性折磨着，呕吐和腹泻使他身体严重脱水，反复几次之后，天终于亮了。

医生第一时间赶了过来，询问之后，先给阳太开了治疗胃痛和腹泻的药，挂上吊瓶后，阳太疲惫地躺在病床上。

之后，医生取了阳太的血液样本和粪便样本送检。办公室里，医生和阳太妈妈解释道："病人目前的症状并不像手术的后遗症状，也不像伤口感染，反而像是胃肠炎。但据我们了解，病人之前并没有胃肠炎的病史，或许你们可以检查一下病人最近摄入的食物，看看有没有线索，我们这边也继续等检测报告。"

阳太妈妈将阳太近几天摄入的食物送了样本给医院，一并参与了检测，但检测结果却显示并无异常。

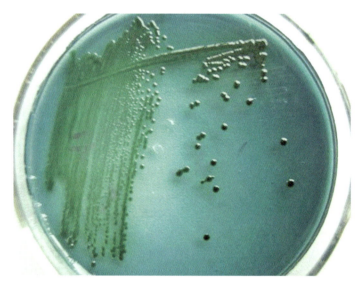

副溶血性弧菌

随之而来的是血液样本和粪便样本的检测结果。办公室里，伊藤医生看着手里的检测报告，"副溶血性弧菌？患者这几个月几乎一直在病房，饮食清淡，怎么会有机会接触这种细菌？"检测报告上明明白白给出的检测结果让伊藤医生充满疑问。

之后，按照医院给出的检测结果，伊藤医生调整了阳太的治疗方案。轻症的副溶血性弧菌其实只需要卧床，适当口服补液盐，静脉输液来纠正水及电解质失衡就可以了。但鉴于阳太症状较为严重，伊藤医生按照副溶血性弧菌的治疗经验配备了经典的抗生素治疗方案，包括庆大霉素、阿米卡星、诺氟沙星等。

静脉输液安排上之后，阳太的情况得到了暂时的控制，所有人都长舒一口气。

然而，当晚阳太就发起了高烧。

这让原本放松下来的医生和阳太妈妈瞬间又警惕起来。被病菌接连折磨的阳太眼皮非常沉重。阵发性绞痛越来越难忍，反复的腹泻又开始了，甚至开始便血。

"明明已经用药了，为什么没有效果呢？"伊藤医生非常不解地喃喃道。

而此时的阳太持续高烧，严重脱水、声音嘶哑、肌痉挛，后来竟然出现了血压下降、面色苍白或发绀，以至意识不清，眼皮沉重得睁不开。

疾病微视界

此时小池阳太身体内……

长长的输液管将抗生素战士们送进血液。抗生素战士们随周身的血液循环开始巡逻，在小池阳太身体内四处搜寻被通缉的罪犯——副溶血性弧菌。

很快，某处的抗生素战士侦察兵遇到了这群像蠕虫一样交错缠绕的怪物。紧接着其他地方的侦察兵也相继遇到了这样的状况。尤其是腹腔做手术的刀口处，聚集了大量的副溶血性弧菌。

抗生素战士们心中一惊，赶紧在病灶处紧急集合，打起精神准备作战。

这边的动静惊动了认真搞破坏的副溶血性弧菌。他们抬头看了一眼，看到对方抗生素战士们严阵以待的样子，分外不屑，继续甩着鞭毛四处搞破坏。

抗生素战士们没有在意副溶血性弧菌的目高于顶，马上投入了战斗。

他们认真地寻找着副溶血性弧菌被膜表面的通道蛋白们，这些蛋白质大多数不会特异性地选择进入细胞膜的物质，这也是抗生素战士们能够进入细菌身体内部的原因。这种通道越多，细菌

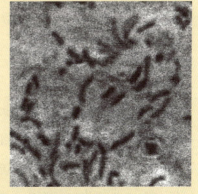

聚集的副溶血性弧菌

细胞膜的通透性就越好，就会允许更多的抗生素战士们侵入细菌的内部，从而更好地消灭细菌！

然而，抗生素战士们找了很久，也没有找到允许他们悄悄潜入的非特异性通道。或者即便找到了个别通道，通道也处于关闭状态。无论怎样敲门、刺激，通道门都紧紧关闭着。

"怎么会这样呢？这些细菌表面的通透性怎么这么差？胞膜上没有通道，我们可怎么进去？"抗生素战士们犯了难，大眼瞪小眼。

"呵呵"一声突兀的笑声传来，副溶血性弧菌懒洋洋地瞅了抗生素战士们一眼，"你们还挣扎吗？该换我们了。"

一个个庞大的副溶血性弧菌纷纷停下了手里的动作，伸了伸拦腰，阴恻恻地笑着："既然发现了我们耐药性的秘密，就让你们带着秘密一同消失吧。"

密密麻麻的抗生素水解酶从副溶血性弧菌的身体里发射出来，在他们的声声嘲讽中，抗生素战士们渐渐失去了知觉，陆陆续续被水解掉。

而这个秘密，也随抗生素战士们一同埋葬在湍急的血液里。

直到科学家们的研究陆陆续续开展，副溶血性弧菌多重耐药的秘密才终于被解开，细菌细胞壁或细胞膜通透性改变带来的后果才得到重视。

一些对抗菌药物原本敏感的细菌可以通过降低外膜的渗透性而发展出耐药性，如果原来允许某种抗菌药物通过的孔蛋白通道由于细菌发生突变而关闭或消失，那么细菌就会对该抗菌药物产生很高的耐药性。

而很多革兰氏阳性菌可改变细胞质膜通透性，使许多抗生素如四环素、氯霉素、磺胺药及某些氨基糖苷类抗生素难以进入细菌体内而获得耐药性。

很多广谱抗菌药都对副溶血性弧菌无效或作用很弱，主要是抗菌药物不能进入副溶血性弧菌菌体内，故该细菌产生了天然耐药性。

中山大学一个实验室发表了一项令人振奋的实验结果。他们的研究正是从副溶血性弧菌的细胞壁或细胞膜通透性降低的特点入手，提出了一个新的治疗策略：增加谷氨酰胺的浓度，将细菌环境伪装成一个"安全"状态，细菌便不再启动抵御机

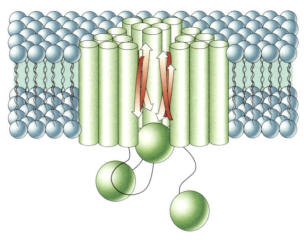

细胞膜上的通道蛋白

制。细菌卸下防御后，其细胞膜通透性不再降低。谷氨酰胺帮助原本被"拒之门外"的抗生素进入细菌胞内，成功发挥杀菌作用。

这一招对耐药的大肠埃希菌、副溶血性弧菌、鲍曼不动杆菌、肺炎克雷伯菌、迟缓爱德华菌、溶藻弧菌等细菌均有作用。同时，谷氨酰胺可以有效减缓细菌的耐药性。

中山大学附属第三医院陈壮桂表示，与以往使用新抗菌药方式不同的是，使用谷氨酰胺控制细菌耐药机制这个思路，不失为一个'绿色环保'的策略。未来，相信我们可以找到更多类似谷氨酸胺的物质，辅助抗生素对抗细菌的耐药性。

该项研究成果有望为临床医生抗击耐药细菌提供高效低毒的新型武器。面对狡猾善变的超级细菌，人类永不言败。

清理门户，排出药物

超级细菌与抗生素的博弈愈演愈烈，抗生素强大的筛选压力不容小觑，而超级细菌仍然"留有后手"：某些细菌能将已经进入菌体的药物泵出体外，这种泵需要消耗能量，被称为药物外排泵系统。由于这种外排泵系统的存在及它对抗菌药物选择性的特点，大肠埃希菌、金黄色葡萄球菌、表皮葡萄球菌、铜绿假单胞菌、氟喹诺酮类、大环内酯类、氯霉素、β-内酰胺类等都产生了多重耐药性。

外排泵系统使抗菌药物外排，降低细菌细胞内的药物浓度，是导致超级细菌多重耐药的重要机制。目前，已报道的具有外排泵机制的致病菌有铜绿假单胞菌、不动杆菌、链球菌、金黄色葡萄球菌、表皮葡萄球菌、空肠弯曲杆菌等。

外排泵系统极大地增强了超级细菌的耐药能力，也成了威胁人类健康的一大隐患。而随着抗生素的不断研发，大多数超级细菌都动起了"歪脑筋"。

知识窗

细菌的外排泵系统

细菌的外排泵系统由三个蛋白组成，即转运子、附加蛋白和外膜蛋白，三者缺一不可，又称三联外排系统。外膜蛋白类似于通道蛋白，位于外膜或细胞壁，是药物被泵出细胞的外膜通道。附加蛋白位于转运子与外膜蛋白之间，起桥梁作用。转运子位于胞浆膜，它起着泵的作用。目前研究表明主要有两大类外排泵系统：特异性外排泵系统和多种药物耐药性外排泵系统。

十月份的伦敦，秋叶落了一地，天气一天比一天冷了。

尽管如此，也没有挡住大家出行的热情。伦敦的街头仍然热热闹闹，拐角处的咖啡店挂起了南瓜灯，就连凯洛琳·安妮斯顿放学回家经常路过的汉堡店也在门口放上了可可爱爱的糖果筒……

凯洛琳非常开心，她抱着刚和妈妈一起在韦恩伯伯农场里挑选的小南瓜爱不释手："妈妈，万圣节就要到了！我的生日也快到了呢！"

温斯顿·安尼斯摸了摸凯洛琳的小脑袋，眉眼间都是温柔的笑意："是的，我的小公主。你生日的那天刚好是万圣节前夜，我们举办一个万圣节主题的生日派对，好不好？你可以邀请幼儿园的小朋友们一起来参加你的四岁生日派对。"

凯洛琳蹦蹦跳跳地把小南瓜抱到妈妈面前："妈妈，万圣节那天我们做一个最炫酷的南瓜灯，好不好？我都没有自己做过南瓜灯呢。"

温斯顿一边把煎好的牛排和美味的沙拉端到餐桌前，一边给出了肯定回答："好呀，如果需要帮忙的话，我也可以出把力哦！"

接下来的几天里，凯洛琳一回家就坐在桌前画图纸，设计自己的小南瓜灯，即使这几天她出现了轻微的感冒也没有停下。

直到连续几天精神不佳后，温斯顿察觉到了异常，"凯洛琳，今天先不做南瓜灯了，好吗？妈妈带你去看医生，好不好？"

凯洛琳虽然病恹恹的，没有了往日的活泼，但还是摇摇头，"不要，妈妈，我想继续做南瓜灯。"温斯顿没有强迫凯洛琳去看医生，一场小感冒而已，以前凯洛琳也感冒过。温斯顿摸了摸凯洛琳的额头，有点低热，"妈妈给你吃一点感冒药，好不好？"

凯洛琳点了点头："好吧。"

接下来的几天，凯洛琳都在按时吃药。但让温斯顿不安的事情还是发生了——凯洛琳的感冒越来越严重了，从开始的低热和精神不佳，慢慢到发烧和昏沉，后来竟然开始头疼。

温斯顿马上带凯洛琳去了医院。

"经检测，我们认为凯洛琳的病因是严重的细菌感染"医生看着检测报告凝重地说，"必须马上输液治疗，我们已经制订好了治疗方案。"

日益虚弱的凯洛琳

病床前，冰冷的药物持续输入凯洛琳的身体。整个治疗过程持续了好几天，治疗过程中凯洛琳仍旧反复发热。

这一天，温斯顿一早醒来，被凯洛琳的情况吓住了，凯洛琳呼吸急促，小脸涨得通红，大口大口地喘着气，并不清醒的脸庞上满是痛苦的神色。

温斯顿赶紧跑出去找医生，很快凯洛琳被第二次推进了检测室。

"病人出现了血氧饱和度下降和肺部感染的情况，温斯顿女士，我们建议您立即将凯洛琳转诊至上级医院治疗。"医生非常无奈地通知了温斯顿。

转诊后的凯洛琳接受了新一轮的检测。医院紧急召集了多学科专家会诊。

"检测结果显示，细菌已经突破血脑屏障导致脑部感染，机体的免疫系统在免疫赦免区几乎不会发挥功能了，药物干预也很难预测后果。你们要做好准备，病人随时可能昏迷，有智力受损或者脑死亡的风险。"会诊后，主治医生跟温斯顿解释着情况。

"请你们不要放弃，凯洛琳只能靠你们了，请你们救救她，她才不到 4 岁……"温斯顿再也忍不住，泪如雨下。

ICU 里，凯洛琳接受了联合抗生素治疗，这几乎是目前应对细菌感染最强力的疗法。

不久前还活蹦乱跳、聪慧可爱的小姑娘已经被这场细菌感染折磨得骨瘦如柴、奄奄一息。期间，凯洛琳高烧不退，多次被送进抢救室。

整个治疗团队都在加班加点研究病因和治疗方案，可不知道为什么，无论哪种抗生素都不能压制凯洛琳体内肆虐的细菌。

凯洛琳再一次陷入了昏迷。

凯洛琳体内……

　　源源不断的联合抗生素被输入凯洛琳体内。

　　肠道、肺部、血液、大脑……凯洛琳体内俨然已经变成一个剑拔弩张的战场。抗生素战士们和超级细菌正在展开激烈的对战。

现在的局势非常紧张。头孢他啶、多黏菌素、哌拉西林、亚胺培南、阿米卡星……身怀绝技、各有所长的抗生素战士们齐聚一堂，分工明确，准备和对面的坏细菌军团决一死战。

抗生素战士们仔细勘测了对方的阵营。但似乎，对面的细菌兵团也不止一个"军种"。

其中数量最多的是高高壮壮的柱形大肠杆菌，之后是长相相似但周身布满鞭毛的沙门氏菌，除此之外，还有绿油油的铜绿假单胞菌……

怎么会这样！凯洛琳体内为什么会有这么多厉害的超级细菌，他们为什么个个都可以抵御抗生素？

压下心中的震惊，抗生素战士们很快投入了接下来的战

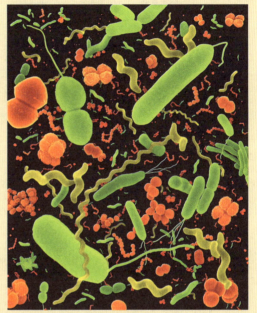

各式细菌齐聚一堂

斗，他们迅速地瞄准了这些超级细菌们外膜上的特异性受体，发挥各自专长，迅速进入超级细菌的身体内。

成功潜入敌人身体内部后，抗生素战士们准备大展身手，兵分多路，分头去劫持各自对应的细胞器。有的去拦截转录复合体，有的去破坏核糖体……只要细菌体内的基本功能瘫痪，细菌就会走向生命的终结！

然而，刚刚进入细菌内部的抗生素战士们还没有到达各自的目的地，就被一股大力束缚住了。接着，他们的身体突然腾空，眨眼间就被细菌丢了出去。

正准备大显身手的抗生素战士们一脸懵，看着身边同样被丢出来的

同伴们："怎么回事，我们怎么出来了？"

一个抗生素战士愤愤地说："他们有秘密武器！他们有外排泵！竟然把我们给丢出来了，可恶！"

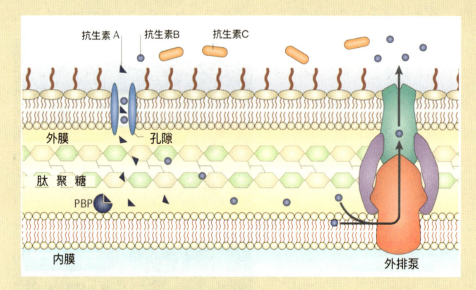

细菌外膜的外排泵将抗生素"丢"出

看着身边越来越多的同伴们被丢出来，抗生素战士们内心一震："我终于知道他们为什么这么难缠了，我们都进不去超级细菌的体内，这还怎么打？"绝望深深地笼罩在每个战士的心头，直到抗生素战士们结束了短暂的活性期，被降解或者失去攻击力。

而恶魔，依旧在猖獗……

经抢救，凯洛琳获得了短暂的清醒。这仿佛是她这么多天来最清醒的一次。

长时间的高烧和病痛已经让凯洛琳小小的身体瘦骨嶙峋，小脸上泛着不正常的红晕，原本粉嫩的唇瓣灰败得微微发紫，满是干裂的死皮和细微血痕。这么多天来，凯洛琳终于有力气出声了，只是声音嘶哑得不像话，依稀能听到几个音节："妈妈……我的南瓜灯还没有做完……好可惜。"

温斯顿闻声，眼眶瞬间就变红了，轻轻握住了凯洛琳因长时间输液而变得青紫的小手："没关系，等凯洛琳康复了，妈妈陪你一起做南瓜灯，我们做好多好多南瓜灯，好不好？"温斯顿亲昵地蹭着凯洛琳的小手，终于又听到了女儿的声音，心底泛起一阵一阵的心疼。

凯洛琳小脸上费力地露出了一点点笑，但随即又轻轻皱起了眉头："妈妈……你说我的病会好吗……"

温斯顿再也忍不住了，捂住自己的哭咽声，想尽量温柔一点，可惜一出声，满是哭腔："凯洛琳乖，你这么乖，没有做错任何事。凯洛琳这么勇敢，再坚持一下，会很快好起来的。我们还要过万圣节主题的生日派对，对不对？"

凯洛琳费力地点了点头。

"很快就会过去的，累了就休息休息吧，别怕，妈妈会一直在的。"

然而，在联合使用抗生素治疗及多次 ICU 抢救后，凯洛琳最终还是因为多器官功能衰竭离开了人世。

那天，距离她满心期盼的生日仅剩 3 天……

这些狡猾的超级细菌，进化出了形形色色的外排泵，有的可以识别单一物质，有的可以识别多种物质。而超级细菌的外排泵策略在多年之后才渐渐引起了科学界的警戒。

感染凯洛琳的超级细菌大多是革兰氏阴性菌，而耐药性革兰氏阴性菌外排泵几乎可以外排所有种类的抗生素。

革兰氏阳性菌也不甘示弱。它的外排泵有 MFS、MATE、SMR 和 ABC 四大类，主要是 MFS 类外排泵。如金黄色葡萄球的 MFS 类外排泵表现出对氟喹诺酮类药物耐药，而肺炎链球菌的 MFS 类外排泵主要是 Mef 泵，是专一外排大环内酯类抗生素的重要外排泵之一。

随着研究的更加深入，科学家们也在积极寻找破解的策略，或改变抗生素的结构，或研发辅助性药物。

人类和超级细菌的博弈，正愈加激烈……

三、铁骑压境，来者不善

在一个冬天的深夜，刚结束同学聚会的小方由于醉酒和过度疲惫，一进家门便倒头大睡，殊不知聚会上与同学一次偶然的碰杯或拥抱在无意中激活了一位能够"复制自己"的"隐形杀手"。趁着小方呼呼大睡，一双双虎视眈眈的"眼睛"从黑暗中显现，露出了它们锋利的"獠牙"！原本飘落在鼻腔内的它们开始向目的地——肺部进军。第二天，小方带着剧烈的胸痛和高热从睡梦中醒来，一开始以为是普通感冒的小方吃了退烧药却不见好转，仍然浑身寒战。到医院检查才发现竟是肺炎链球菌导致的肺炎。这到底是怎么回事呢？接下来让我们一同探索揭秘这位"隐形杀手"吧，相信在读完之后我们一定能够知道如何打败它！

剑走偏锋的肺炎链球菌

18 世纪以来，肺炎链球菌一直是感染性肺炎的主要病因，近年来也发现其耐药性菌株的产生和暴发。相信大家对这种微生物略有耳闻，中学生物学教材中我们有了解过艾弗里的肺炎球菌转化实验。这个实验证明了 DNA 是遗传物质。这也是 20 世纪最重要的生物学发现之一。

肺炎链球菌菌如其名，会导致人类罹患肺炎等疾病。具体来说，肺炎链球菌可以导致肺炎、支气管炎、脑膜炎、鼻窦炎、中耳炎、脓胸、气胸、心内膜炎、风湿热等类型的感染。不同类型的感染症状和治疗方法有所不同，因此在针对肺炎链球菌感染的治疗中，需要根据感染类型、患者情况以及细菌药敏试验结果等来选择合适的抗生素进行治疗。

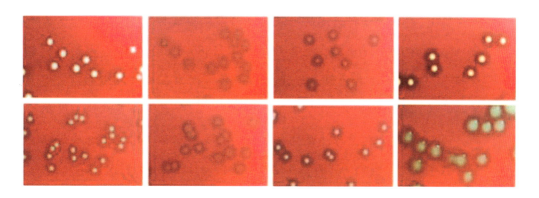

在血琼脂上生长的各种肺炎链球菌菌株的菌落形态

肺炎链球菌名字背后的故事

肺炎链球菌的命名可谓是一波三折，经过了很多次修改才定下来。

肺炎链球菌在 1881 年被两名科学家独立发现，第一位便是证明了"细菌不是自然发生的"的法国微生物学家路易·巴斯德（Louis Pasteur），另外一位则是美国军医斯滕伯格。实际上，在他们之前，已有文献报道发现了细长的双球菌但并未命名。

他们两位首次证明了肺炎双球菌在动物体内的致病性。巴斯德在罹患狂犬病去世的儿童唾液中分离出这种球菌，将其注射入家兔中验

路易·巴斯德

证了其致病性并命名为 *Microbe septicemique du salive*（意为唾液败血微生物）。斯滕伯格将患者的唾液注射给家兔验证其致病性，并命名为 *Micrococcus pasteuri*（意为巴氏微生物）。1886 年，富兰克林因为它引发肺炎，所以命名其为肺炎球菌。1920 年，因为在革兰氏染色痰液中被显色为阳性，同时观察其形态，它又被重新命名为肺炎双球菌。然而直到 1974 年，肺炎双球菌才被命名为肺炎链球菌。自此，肺炎链球菌的名字才进入我们的视野。

随着抗生素的滥用，耐多药肺炎链球菌（MDRSP）作为超级细菌逐渐被我们认知。耐多药肺炎链球菌在世界范围内被普遍观测到具有对 β-内酰胺类药物（如青霉素、头孢菌素）的抗性。1967 年，在澳大利亚首次分离出具有青霉素耐药性的肺炎链球菌，在这之后十年，南非暴发了第一场由青霉素耐药性肺炎链球菌引发的肺炎，之后在世界各地都分离出了耐青霉素肺炎链球菌。β-内酰胺耐药性是通过肺炎链球菌的青霉素结合蛋白的改变获得的，降低了青霉素和肺炎链球菌的青霉素结合蛋白的亲和力。

关于耐药肺炎链球菌的报道主要在医院、社区中，其中案例大多来自美国、英国、加拿大等发达国家。这些事实说明发达国家更多地使用抗生素对抗肺炎链球菌是耐多药肺炎链球菌产生的重要原因。

除此之外，肺炎链球菌还被观测到对大环内酯类（红霉素等）、氟喹诺酮类药物（环丙沙星、左旋氧氟沙星等）的耐药性。这警醒我们需要严格控制抗生素的使用以及剂量，谨防"超级细菌"的产生。

目前，正在开发大量对抗这些多重耐药菌株的药物，如头孢菌素、碳青霉烯类、糖肽类、脂肽类、酮类、林可酰胺类抗生素、恶唑烷酮类、甘环素类、喹诺酮类、去甲酰基酶抑制剂等。它们中的大多数只是现有类别的新的衍生物，内在活性或对抗性机制的敏感性较低。除了新的氟喹诺酮类药物外，这些药物也主要针对耐甲氧西林金黄色葡萄球菌的感染，因此，它们在治疗肺炎链球菌感染方面的临床疗效仍有待证实。

当然最重要的还是需要控制现有抗生素的使用，降低"超级细菌"出现的风险。保持良好的生活习惯，加强锻炼，增加营养摄入，提高自己的免疫力，从源头上增强对致病菌的抵抗力。在医院等环境佩戴口罩，保持室内空气的流通，阻断细菌的传播。

总而言之，我们需要正确对待类似耐药肺炎链球菌的超级细菌的传播，既要做好科学的预防措施，也要采取科学的手段治疗细菌引起的疾病。

打入敌军的流感嗜血杆菌

一场突如其来的流感，在全球范围内引起了广泛关注。然而，科学家们发现，这场流感的元凶并非只有流感病毒，还有一种被称为流感嗜血杆菌的细菌也是重要的"帮凶"。

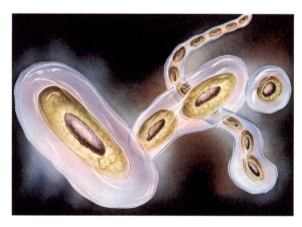
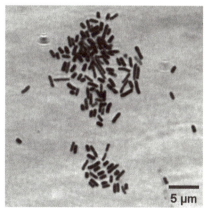

| 流感嗜血杆菌概念图 | 科研人员用电镜观察到的流感嗜血杆菌 |

流感嗜血杆菌，这个让人望而生畏的微生物，在抗生素的王国中是狡猾而顽强的角色。顾名思义，它们喜欢在流感时期"作祟"，是一种短小、无芽孢、无鞭毛的革兰氏阴性杆菌，只有在显微镜下才能看到。

流感嗜血杆菌的"作祟"并非虚张声势，它具有强大的致病能力，可以导致一系列的呼吸道疾病，如流感、肺炎等。它可以存在于人类和动物的呼吸道、肠道以及生殖道等多个部位。这种细菌的存在并不一定意味着它会引发感染，它在某些情况下，可能利用环境中的弱点，对宿主发起攻击。

流感嗜血杆菌的危害可不止于此。在免疫系统受损的人群中，它还能引起严重的全身感染，如脑膜炎、败血症等，甚至可能导致死亡。由于近年来抗菌药物的广泛应用以及环境变化等诸多因素，流感嗜血杆菌的耐药性问题也日益突出，给治疗带来了极大的困难。

揭秘流感背后的"真假凶手"

1889年的"俄国流感疫情"中，人类阴差阳错地认识到一种细菌，并误以为它就是引起这场流感疫情的病原体，给它命名为"流感嗜血杆菌"。1892年，细菌学家理查德·菲佛（Richard Pfeiffer）从流感样本中分离出一株细菌，命名为流感杆菌（后命名为流感嗜血杆菌），菲佛认为它就是引发流感的病原体。当时，由于人们已经经历过霍乱、鼠疫等传染病大流行，对"细菌引起人类瘟疫"已有共识，因此对菲佛博士的观点都深信不疑。直到1918年，西班牙大流感暴发，在全球范围内造成了2000～4000万人的死亡，全世界患病人数约在5亿以上。当时的科学家们为了研

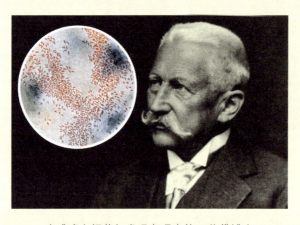

流感嗜血杆菌与发现者理查德·菲佛博士

制抗感染的血清和疫苗，试图从患者体内分离出"菲佛氏杆菌"，但都没有成功。研究过程中，越来越多的结果指向了"菲佛氏杆菌"可能不是大流感的肇因这一事实。洛克菲勒研究所的两位科学家收集了流感患者的鼻腔分泌物，并使用细菌过滤器进行过滤，滤液依然导致了动物感染，这成了首个证明"菲佛氏杆菌"不是流感病原体的证据。直到1933年人类流感病毒才被分离出来。进入21世纪后，随着病毒学研究的不断深入，科学家们逐渐认识到当时的病原体并非最初认为的细菌，而是一种冠状病毒。菲佛博士这一发现虽然存在错误，但在当时也推动了医学研究的进步，为后续的细菌学研究奠定了基础。而他发现的这种杆状细菌，在1920年被更名为"流感嗜血杆菌"，这个名字一直沿用至今。

　　那么，抗生素作为人类对抗微生物感染的重要武器，与流感嗜血杆菌的相互作用又是如何的呢？

　　我们都知道，抗生素通过抑制微生物的生长和繁殖或直接杀灭来保护人体免受微生物的侵害。然而，流感嗜血杆菌具有一定的耐药性，它可以产生一种"秘密武器"，叫作β-内酰胺酶，这种物质可以分解抗生素，使其失去活性。因此，由于流感嗜血杆菌的耐药性和狡猾的生存策略，单一的抗生素往往无法有效阻止它的感染。我们需要更加深入地研究这种细菌的特性和行为，以便找到更有效的治疗策略。

　　同时，我们也需要重视对抗生素的合理使用，避免过度使用和滥用。这不仅可以减少细菌耐药性的产生，也是我们保护自己和家人健康的重要方式。

　　面对流感嗜血杆菌的攻击时，人体免疫系统的力量显得尤为重要。合理的营养、良好的作息和健康的生活方式都有助于提升人体的免疫力，从而在一定程度上抵抗流感嗜血杆菌的侵袭。然而，对于已经发生的感染，除了抗生素治疗外，往往还需要其他医疗手段的辅助，如手术、免疫疗法等。

流感嗜血杆菌在面对抗生素压力时除了使用秘密武器——β-内酰胺酶，还会在"武器库"中挑选其他顺手的武器，这些武器可以帮助细菌抵抗抗生素的作用，使感染更加难以治疗。

流感嗜血杆菌如此厉害，我们人类需要用什么样的作战策略来消灭它呢？

为了有效应对流感嗜血杆菌的危害，最主要的策略之一是接种疫苗。科学家们已经研发出针对流感嗜血杆菌的疫苗，并广泛应用于临床。疫苗接种不仅可以提高人群的免疫力，降低感染风险，还可以有效减少重症病例的发生。同时，由于流感嗜血杆菌的变异性，疫苗也需要不断更新来应对不断变化的病原体。

疫苗接种是守护家人健康的有效方式之一

而对于已经感染流感嗜血杆菌的患者，医生通常会根据患者的病情和耐药性情况选择合适的药物进行治疗。常用的药物中就包括抗生素，如氨苄西林、头孢菌素等。值得注意的是，不合理地使用抗生素可能会进一步导致耐药菌的产生，因此在治疗过程中一定要遵循医生的建议，切勿自行用药。

随着科技的不断发展，人们也在探索新的方法来应对流感嗜血杆菌的危害。例如，研究人员正在利用人工智能技术分析病例数据，以便更准确地诊断和治疗疾病。此外，纳米技术也被应用于药物研发，在提高药物疗效的同时降低副作用。

总的来说，要防止流感嗜血杆菌的感染，需要采取综合的策略。这包括疫苗接种、药物治疗和科技运用等多个方面。虽然我们取得了一定的进展，但仍然需要加强防控措施和良好卫生习惯的推广，提高公众的健康意识，以遏制流感嗜血杆菌的传播和危害。随着科学技术的不断发展，相信我们会有更多的方法和手段来对抗流感嗜血杆菌这个"敌人"，保障人类的健康安全。

绿色恶魔铜绿假单胞菌

铜绿假单胞菌，这种神出鬼没的细菌，如同自然界的幽灵，它的身影遍布水域、泥土、植被，甚至在与人类活动相交汇的各处角落里留下踪迹。这种微生物偏爱潮湿的环境，喜欢在人体的肌肤、呼吸道和肠道等地方寻找栖息之所，时刻准备发动感染。铜绿假单胞菌堪称颠覆性的革兰氏阴性杆菌，隐藏着匪夷所思的黑暗力量。

我叫铜绿假单胞菌，属于革兰氏阴性菌。

铜绿假单胞菌被人类视为"顽固分子"，拥有强大的毒性武器。这种菌株应对各种环境都游刃有余，无论是浮游状态、在生物膜中，还是细胞内。这种特质赋予了它躲避免疫系统攻击和抗生素杀菌的能力。此外，铜绿假单胞菌还具备多种内在的和获得性的耐药机制，对抗生素展现出顽强的抵抗力。

这些"顽固分子"在社区和医疗场所广泛存在，随时可能引发各种感染。铜绿假单胞菌是医院感染的主要致病菌之一。它常导致体弱、长期卧床的患者以及需要接受各种医疗操作、使用呼吸机或导管治疗等的患者出现呼吸道、尿路、切口、导管相关、皮肤组织、脑部以及血流感染等。同时，铜绿假单胞菌也是烧伤患者创面感染中最常见的病原菌之一。

即使是健康的人，也可能会因为接触铜绿假单胞菌而引发一些轻微疾病，

扫描电子显微镜下的铜绿假单胞菌

特别是暴露于不洁净水源后，如暴露于未经适当消毒的温泉或游泳池时，可能会导致耳部感染甚至全身皮疹，尤其是儿童更容易受感染。同时，不正确佩戴隐形眼镜也可能会导致眼部感染。

铜绿假单胞菌可以在人体的各个角落引发麻烦，像各处旅行的黑色幽灵。它的感染形式多种多样，从轻微的皮肤问题到危及生命的严重疾病都有可能。想象一下，它可以在我们的皮肤上制造混乱，导致外耳炎、软骨膜炎、绿甲综合征、脚趾间感染，手足热感染也逃不过它的魔爪，甚至在热水浴缸中捣乱引发毛囊炎。这个黑色幽灵可真是无处不在。

铜绿假单胞菌是儿童和成人急性外耳炎的主要病原菌。每年 8 月，铜绿假单胞菌引起的急性外耳炎会达到高峰。临床症状包括耳痛、红斑和瘙痒，而发烧通常出现在儿童和免疫力较差的个体中。耳道会出现水肿、脓性分泌物和大量碎屑。治疗方法包括清洁耳道、控制疼痛和炎症，使用类固醇和外用抗菌药物，如氨基糖苷类、喹诺酮类或多黏菌素等。

而恶性外耳炎（Malignant Otitis Externa, MOE）就像一只潜伏的猛兽，迅速侵袭外耳道，威胁着生命，甚至蔓延到头颅的其他部位。在这场疾病的战斗中，铜绿假单胞菌是最凶猛的敌人，紧随其后的是金黄色葡萄球菌、链球菌和真菌。年迈、患有糖尿病或免疫系统受损的人群成为 MOE 的主要攻击目标。早期的 MOE 症状类似于急性外耳炎，但随着病情恶化，患者可能在夜晚都承受着剧痛，耳内不断渗出脓液，颞下颌关节疼痛或功能受损，伴随着发热、头痛，甚至颅神经受累等症状。临床上，患者的耳道肿胀疼痛，可能出现肉芽组织生长或骨质暴露的情况，一幕幕触目惊心。

　　铜绿假单胞菌是引起脓肿性软骨膜炎最常见的病原菌。软骨膜炎是一种较少见的耳郭炎症，主要由感染引起。其特点是耳郭肿胀、发红和疼痛，可见脓肿。易感因素包括外伤、穿孔、烧伤、手术、带状疱疹感染和昆虫叮咬。如果不及时进行适当治疗，软骨膜炎可能导致软骨坏死和永久性耳畸形。

　　目前，虽然医疗技术发展迅速，但铜绿假单胞菌皮肤感染在社区和医疗机构中仍很常见。医务人员未正确执行手部卫生或未正确清洁和消毒设备等都有可能引发严重感染。医院里，医务人员应重视感染控制措施，如手卫生和环境卫生，以减少感染的发生概率。同时，我们自己也应主动避免去不洁净的温泉和游泳池，同时确保隐形眼镜及设备和溶液不被铜绿假单胞菌污染。

重视耳部疾病，关爱耳部健康

　　随着细菌耐药性的不断加剧，对铜绿假单胞菌感染的治疗也变得愈发艰巨，就像一场艰难的战斗。在这场战斗中，我们需要采取多重措施：首先，像是在战场上截断敌军的补给线一样，我们要中止导致感染的因素；其次，阻止敌军扩散，我们要预防感染的蔓延；紧接着，就如同用火箭弹精准打击敌方阵地，我们要立即启动局部和（或）全身抗菌药物的治疗；最后，如同进行迅速的战术调整一样，必要时我们要进行早期的手术干预，以确保获得最终胜利。这场战斗需要我们以最大的决心和智慧来应对，只有如此，我们才能战胜这个顽强的敌人。

黄色恶魔金黄色葡萄球菌

金黄色葡萄球菌，这个闪闪发光的小家伙，就像微观世界里的一串串葡萄，排列整齐，散发着金黄色光芒。它在富足的营养环境里迅速生长，构成一座座金光闪闪的微观王国。

这个金黄色葡萄球菌喜欢在人类和动物的喉咙、鼻子，甚至健康肌肤上结伴而行。不仅如此，它还喜欢光顾伤口以及肉类、蛋奶等美食，无处不在。它不仅是医院常见的捣蛋鬼，还潜伏在我们日常生活的食物中，携带很多毒性因子随时准备对我们的健康发动进攻。

我们是金黄色葡萄球菌，是革兰氏阳性菌家族的代表哦！

我们拥有金黄色的色泽。

夏秋时节，金黄色葡萄球菌可谓是食物界的狂热捣蛋分子！它喜欢在肉类、禽类、蛋类、水产类和奶制品中捣蛋，搞出食源性微生物中毒的大事件，占据了整个中毒事件的 25%！一旦被它污染的食物放置在 20℃～22℃的室温中超过五个小时，金黄色葡萄球菌就会像开了挂一样疯狂繁殖，然后制造肠毒素，让人狂吐不止，腹泻不停，甚至有可能引发休克！

想象一下，被金黄色葡萄球菌"精心照料"的食物就像是被埋下了一颗定时炸弹，等着不知情的人们去引爆！而最容易招惹它的食物非奶及奶制品莫属！它们简直就是金黄色葡萄球菌的"最爱"，一旦被金黄色葡萄球菌盯上，那就等着被它搞得天翻地覆吧！

金黄色葡萄球菌是全球主要致死细菌之一，其死亡人数在某些年份可能接近甚至超过艾滋病的死亡人数！这种细菌就像是隐藏在人群中的"杀手"，它不仅会在你身上制造局部的"脓坑"，还可能搞破坏到肺部、肠道、心包，甚至引发全身败血症、脓毒症等恶性感染！时刻威胁着我们的健康，让我们倍感惶恐！

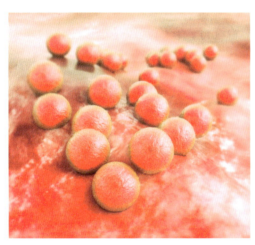

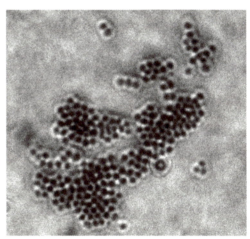

金黄色葡萄球菌 3D 图像　　　　　　　　　电镜下的金黄色葡萄球菌

全球著名医学期刊《柳叶刀》（*THE LANCET*）发表过一项重要的系统性分析研究。该研究指出，细菌感染是导致全球健康损失的重要原因之一，并且正逐渐成为全球第二大致死因（仅次于缺血性心脏病）。研究显示，2019 年有五种病原体（金黄色葡萄球菌、大肠杆菌、肺炎链球菌、肺炎克雷伯菌和铜绿假单胞菌）分别与超过 50 万例死亡病例有关。这些病原体造成的全年龄死亡率为每 10 万人中有 99.6 例死亡。值得注意的是，金黄色葡萄球菌是唯——种在 2019 年与超过 100 万例死亡病例相关的细菌病原体。

当我们的免疫力强大时，金黄色葡萄球菌尚能与我们和平相处。但是一旦我们的抵抗力下降，这些狡猾的金黄色葡萄球菌就会影响我们的健康，找到机会进入我们的身体，制造混乱，引发各种严重的感染性疾病。它们主要可以通过三种方式进入我们的身体：一是通过携带病菌的手、衣物或医疗器械直接接触我们破损的皮肤和黏膜；二是通过食用含有病菌毒素的食物或水源；三是通过吸入被病菌污染的粉尘或空气。

勤洗手 注意个人卫生

在医院里，金黄色葡萄球菌可以长时间寄生在患者的皮肤表面和病房内的干燥物体上，随时准备发动新一轮的袭击。一旦金黄色葡萄球菌开始流行，它们就像是难以驱逐的顽固分子，长期滞留在环境中，极具传染性。医护人员和环境都可能成为金黄色葡萄球菌的传播桥梁。

金黄色葡萄球菌之所以如此具有攻击性，关键在于它那种能产生多种致命物质的本领。金黄色葡萄球菌致病力的强弱主要取决于其产生的侵袭性酶和毒素：促使囊肿形成的血浆凝固酶；破坏细胞结构的耐热核酸酶；能损伤红细胞、破坏血小板溶酶体从而引起局部缺血和坏死的溶血毒素；可耐受 100℃煮沸 30 分钟而不被破坏，引起我们呕吐和腹泻的元凶的肠毒素以及通过在细胞膜上形成穿膜孔进而杀伤白细胞和巨噬细胞的杀白细胞素。这些物质导致的疾病包括毒性休克综合征、食物中毒和烫伤样皮肤综合征等，给人类带来了无尽的痛苦和折磨。

为了防治金黄色葡萄球菌感染，我们要讲究个人卫生，注意防护措施；及时清理皮肤创伤，保持皮肤黏膜完整，切忌挤压或针挑痘痘；食物保持清洁，烧熟煮透并且适当保存，避免食源性感染；提高免疫力，避免滥用抗生素；还应注意日常护理，平时应多休息，避免熬夜和过度疲劳，养成良好的生活习惯。如果出现不舒服的症状，要及时就医进行检查，在医生的指导下使用正确的药物进行治疗。如果出现了脓肿的症状，可以及时前往正规医院，通过手术将脓肿切开引流，以促进身体恢复。同时，我们也要加强锻炼，增强体质，如通过跑步和骑自行车等方式来提高身体的抗病能力，避免被金黄色葡萄球菌感染。

加强锻炼以保障我们的身体健康

老谋深算的结核杆菌

古希腊医师希波克拉底所著的《流行病学》中，记录了这样一种致命疾病，其特征为：

"发烧，尿液无色，咳嗽产生浓稠的痰液，口渴和食欲不振。"

这是一种在当时乃至后续很长一段时间内都被认为是具有传染性且致命的疾病。时间来到 19 世纪的维多利亚时期，许多知名人物如艾米莉·朗勃特、肖邦和奥波利·比亚兹莱等作家和艺术家均死于结核分枝杆菌感染。在那个年代，由于早期工业化进程导致的城市医疗条件低下，公共卫生资源匮乏，以及缺少

扫码了解有关肺结核的
精彩故事

对于细菌的基本认知，肺结核成了 19 世纪欧洲人死亡的主要原因之一。1851 年至 1910 年期间，肺结核造成的死亡人数占到了英格兰与威尔士总死亡人数的 13%，并随着殖民扩张与海外贸易迅速地向非洲与亚洲大陆传播。

人类对结核病的认识经历了一段漫长的时期。早在 1650 年，法国学者雪尔福（Sylvius）在解剖结核病患者的尸体时发现患者的肺部出现前所未见的颗粒状病变，这些小颗粒硬块被命名为"结核"。但当时人们对这种病变的本质知之甚少。

结核在近百年内疯狂地肆虐，在欧洲大陆被冠以了"白色瘟疫"的称号。爱德华·利文斯顿·特鲁多（Edward Livingston Trudeau）在还是个医学生的时候，也不幸感染了这种疾病，在那个没有特效药的年代，肺结核唯一的治疗方式只有疗养。爱德华在萨拉纳克湖畔与肺结核共存了 40 年，也在那里建立了美国第一个肺结核疗养院。

现在的我们知道，清新的空气并不能治愈肺结核，爱德华医生的墓志铭"有时是治愈；常常是帮助；总是去安慰"就深刻反映了在那个没有特效药的年代，医学的无奈与温情。如果说是什么时候出现了转机，那可能是在 1876 年 4 月 2 日，德国布雷劳斯的一次会议上，一位初出茅庐的微生物学家展示了自己独立研究的有关炭疽的结果——首次将特定细菌（炭疽杆菌）与特定疾病（炭疽病）联系起来。这个结果吸引到了当时已经名声在外的结核病学家朱利叶斯·康海姆，他对此大加赞赏。而这个初出茅庐的微生

爱德华·利文斯顿·特鲁多

物学家，就是罗伯特·科赫。

先放下你们所有的研究，你们所有人都去看看科赫的演示！这个人用
简单和精确的方法做到了一件伟大的事情，值得我们所有人高度赞赏！

——康海姆

罗伯特·科赫在结核病研究领域的成就，是医学史上一座重要的里程碑。
1880 年，科赫应邀赴柏林工作，成为德国卫生署的成员。在德国卫生署的支持
下，他获得了更先进的实验设备和研究资源，这为他后续的科研工作奠定了基础。

一开始的探索总是困难重重，但最后科赫还是获得
了成功。一方面归功于科赫超越常人的动手能力与逻辑
思维，另一方面得益于德国卫生署提供的先进设备——
包括那台能够放大 500 到 700 倍的油浸透镜。

扫码了解有关科赫的
精彩故事

1882 年，随着结核分枝杆菌的鉴定以及同时代狂犬
病疫苗的应用成功，全世界的几乎各个科学家都加入到
了结核分枝杆菌治疗方案的研究中。1965 年达到了最高
潮，一批土壤样本从法国的松林送到了位于意大利米兰的乐铂蒂制药公司的实
验室中，那里有当时杰出的微生物学家皮埃尔·森恩和玛丽·特里萨·蒂姆贝

1982 中国邮政发行科赫发现结核杆菌 100
周年纪念邮票

尔，他们从土壤样本中发现了一种全新
的细菌，能够生成一种强大的抗菌活性
物质。两位微生物学家非常痴迷于 1955
年上映的法国电影：《男人的斗争》（法
文原名：*Rififi*），所以将这种全新的抗菌
物质命名为 "rifamycins"。之后，这个从
土壤中发现的细菌有了全新的名字：利
福平。就这样，利福平的出现和工业流

水线上越来越庞大的抗生素生产使人们开始幻想结核病消失的日子了。

然而 1991 年 8 月 8 日，人类终于还是瞥见了潘多拉魔盒内的一角。美国纽约州惩教所的 4 名囚犯在被确诊为肺结核后，马上就被施用了包括利福平、链霉素在内的多种结核病特效抗生素。但令人惊恐的是，4 名囚犯身体内的结核杆菌像是有了超能力一般，不仅抵御住了多种抗生素的冲击，而且在 25 天内就夺走了 4 人的生命。这个"特殊"的结核杆菌还传染了一名惩教所的工作人员，并同样快速地带走了他的生命。

知识窗

抗生素的命名

抗生素的中文命名多种多样：青霉素，链霉素，阿贝卡星，头孢拉定，利福平。其中有些是音译，有些是意译，有些是组合命名。但其实这些抗生素们的英文原名都遵循着一套严格的命名标准，从而保证全世界所有的抗生素都能够用特定的方式表示，并且相同词干（如 ref, mycin）表明具有相同药理关系。比如，所有由链霉菌属（Streptomyces strains）生产的抗生素都以 mycin 结尾，如常见的链霉素（Streptomycin）、万古霉素（Vancomycin）和达托霉素（Daptomycin）；而所有头孢类抗生素的英文名字都以 ref 为开头等。

后续研究发现，从这些囚犯身上分离的结核分枝杆菌菌株对异烟肼、利福平、吡嗪酰胺、乙胺丁醇等新型结核病药物以及链霉素、卡那霉素和乙酰胺等传统结核病药物均具有耐药性。那些在过去 50 年大杀四方的抗生素们被藏在阴影中不断变强的敌人打得落花流水，耐药结核病开始肆无忌惮地向人们挥出重拳。

结核杆菌的进化速度虽慢，但耐药性问题却令人担忧，世界卫生组织（WHO）发布的《全球结核病报告 2022》显示，耐多药（MDR）和耐利福平

（RR）结核病发病人数从 2021 年的约 43.7 万人增长到了 2022 年的约 45 万人。这一趋势表明，尽管全球在结核病防治方面取得了显著进展，但耐药结核病的威胁仍在加剧。若想作出有效的反击，拿出有效的治疗手段，想必要像 19 世纪科赫第一次分离出结核分枝杆菌那样，首先应当了解耐药菌株产生的原因。

最传统也是最主流的观点是选择性耐药突变。你可以想象有成千上万能够独立分裂繁殖的小球，它们有着基本相同的结构但是却各具本领。每个小球分裂的后代都可以对上一代进行几乎完美的复制，并且可能学会了新的本领。现在将这些小球放在上千摄氏度的高温中，耐受不了高温的小球在 10 分钟内便被烧为灰烬。但是存在少数，可能不过一两个小球，能够耐受这种高温长达 20 分钟。在这多出的短暂但宝贵的 10 分钟内，幸存者进行大量快速的分裂与繁殖。循环往复这个过程成百上千次，虽然还是小球，但是第 1000 次分裂的小球可能已经能够在高温中存活超过 1 个小时甚至更久的时间。那如何才能把这些小球也烧尽呢？最简单的手段就是升高温度！然而，升高温度并不能解决根本问题，久而久之，也许再往后分裂 1000 次的小球们就又获得了适应更高温度的能力。

正在分裂的细菌（以分枝杆菌为例）

在这个故事里，高温就是抗生素，抗生素自身不会改变，只能通过提高用药量来"升温"。小球就是致病菌，它们会分裂，会进化，会以极快的速度来适应周围的环境。双方实力悬殊，对比之下战力高低立现。

然而，传统的观念近年来已经受到了现实的挑战。最直接的现象就是即使对药物的使用进行严格的限制和标准的制订，患者也严格按照用药标准服用药物，依旧会引发多重耐药性结核病。

　　这是为什么呢？科学家们想到了可能的原因。

　　人体好似一座巨大而精密的工厂。我们吃下去的每一种东西，都转化为了我们需要的物质，药物亦是如此。但是每一座工厂虽然生产的东西相同，效率却千差万别。就像吃同样的食物，有些人感觉饱了，有些人可能只觉得塞了塞牙缝。但是药物不是食物，有些工厂的流水线不能够将药物快速完整地运送到与病菌战斗的前线，导致火力不足。一开始可能还有机会扭转战局，但久而久之，我方枪支弹药全部都堵在了路上，火力只是勉强能够与敌人打一个平手，不能够快速地消灭掉敌人，从而给了它们可乘之机来提升自己的装备，这个装备就是外排泵。它可以将细菌内部的抗生素排出，从而获得抗生素的耐受性。长此以往，装备了"外排泵"的敌人越来越多，而火力愈发不足。

我们身体对食品的加工效率存在差异

　　同时，研究人员还发现，有些结核杆菌并不需要进化天然就具有耐受抗生素的能力。这些隐藏在阴影里的结核杆菌更加强大，也更加神秘，这足见结核杆菌的可怕之处。

　　除此之外，结核分枝杆菌的感染还总是与另一种骇人听闻的疾病联系在一起，那就是艾滋病。由于艾滋病病毒攻击人体的免疫系统，因此艾滋病患者更加容易成为结核分枝杆菌的易感人群。

在对结核患者进行治
疗时，伦理问题也被摆上
了桌面。如果部分广泛
耐药结核患者在经过至
少 12 个月的药物治疗后，
仍然没有发生任何的好转
且无法通过外科手术进行
肺部切除时，这些患者最
后只能等待死亡的到来。

世界结核病日呼吁大家关注传染病

对于是否应该建立起一个独立的设施来妥善安置这些患者，一直是一个值得
讨论的议题：长时间隔离这些患者是否符合伦理道德；考虑到部分肺结核负
担重的国家经济条件落后，建立起独立的安置设施是否会对其医疗资源的利
用产生过大的压力；隔离安置后，其家属的日常生活又该由谁来负责。以上
的问题都需要经过详细的协商来解决。

虽然说结核病对人类社会的影响已长达百年，医疗卫生体系也正面临越来
越大的挑战，但是我们也应看到，随着我们对结核病认知的完善和医疗系统的
进步，结核病正逐渐成为一种可防、可控、可治的疾病。

诚然，对结核病发病和耐药机制的研究已经取得了一些新进展，这为耐药
结核病的预防和治疗提供了新的思路。这些进展包括确定新药物的特异性突变、
补偿性进化，还有一些与细菌传播相关的生物学基本理论。大量针对新型耐药
结核的诊断方式也被研究出来，并且快速地投放到了医疗行业中。但是面对能
够大量扩增、快速突变的结核分枝杆菌，我们仍旧需要向其中投入大量的人力、
物力以研发出更快速的检测方法和更有效的治疗手段。除此之外，如果其他更
广泛的问题得不到解决，比如贫困、人口拥挤、HIV 感染、药物使用的控制等，
那么所有尝试控制肺结核的努力都将收效甚微。

后生可畏耐万古菌

1948 年 5 月 4 日,《柳叶刀》杂志发表了一篇短文,描述了一种能够在含有青霉素的平板上生长的金黄色葡萄球菌。这是人类历史上第一次记录了金黄色葡萄球菌对青霉素的耐药性。1961 年,科学家首次分离出了对甲氧西林耐药的金黄色葡萄球菌。

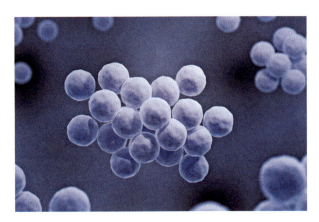

耐甲氧西林金黄色葡萄球菌

然而,本节中我们的主角既不是耐甲氧西林金黄色葡萄球菌,也不是甲氧西林,而是一众超级细菌中最令人生畏的"耐万古菌"。

提到耐万古菌,那就不得不谈及万古霉素的发现了。

在那个抗生素大发现的年代,链霉素、氯霉素的销售带给了一众药厂巨大的利润,吸引了大量的药厂寻找全新的抗生素。

从 "05865" 到 "万古霉素"

礼来公司在发现红霉素之后尝到了甜头,开始在土壤中培养筛选菌株。1958 年,一名来自加里曼丹岛的传教士将一份泥土样本交给了礼来公司,毕业于哈佛大学化学专业的埃德蒙·卡尔·科恩菲尔德(Edmund Carl Kornfeld)从这份土壤中发现了一种新的放线菌,并将其命名为"东方拟无枝酸菌",也叫"东方链霉菌"。他发现该霉菌产生的活性代谢产物具有极强的杀菌活性,特别是对葡萄球菌的杀灭能力最强。这种活性代谢产物最早被简单地命名为化合物 05865。对于葡萄球菌具有杀灭能力并不稀奇，当时的一众抗生素都可以做到，不过当一代又一代的葡萄球菌在 05865 号化合物的作用下均没有产生耐药性时，科恩菲尔德还是难掩惊喜。

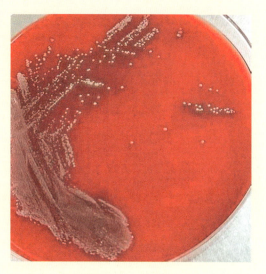

东方拟无枝酸菌

但是，05865 的"起飞"有些不太顺利，东方链霉菌的代谢产物过于复杂，复杂到那个年代的技术根本不可能获得纯净的 05865。经过多次实验，最高浓度也只能达到 82%。早期纯度较低的化合物由于其颜色较深，甚至被戏称为"密西西比污泥"。从药物的角度上来说，这显然是不合格的。礼来公司来到了选择的十字路口。

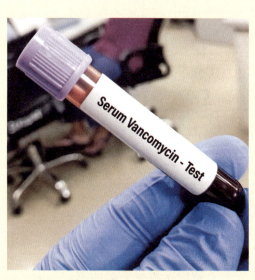

用于血清万古霉素测试的血液样本

最终，礼来公司决定放手一搏，直接将 05865 推上临床实验。就这样，由于外科手术而感染了耐青霉素金黄色葡萄球菌的患者爱德华成了 05865 的第一个实验对象。没想到的是，一个疗程都还没有结束，05865 就将爱德华从截肢的边缘拉了回来。05865 大获成功！

这下，有了临床实验的结果，礼来公司给 05865 取了一个更加正式的名字：Vancomycin，即万古霉素。Vancomycin 这个名字表达了礼来公司对于其无尽的期许，其中的 Vanco 取自英文单词 Vanquish，意为征服。诚然，实现了对那个年代最恐怖的耐药细菌的彻底征服，万古霉素几乎是又一次宣布了人类医药行业的胜利。

不过，每次的小小胜利并不会持续太久。确切地说，万古霉素只是不容易产生耐药细菌而并非完全不会产生。万古霉素本是用来治疗超级细菌耐甲氧西林葡萄球菌，却也催生出了全新的超级细菌——耐万古霉素菌。从 1986 开始，欧洲和美国就相续报道了耐万古霉素菌的发现。

2011 年 11 月，一名可卡因成瘾且患有糖尿病的男性由于出现了自杀倾向而被送入了得克萨斯医学院附属的精神病院中治疗。入院后不久，该名男性患者被发现患有组织炎，同别的患者一样，医生给予了他头孢氨苄和局部外用庆大霉素进行治疗，出院的时候开具了克林霉素。

到这为止，暂时还只是一个普通的故事，直到 2012 年 6 月，这名患者再次被送入医院。医生从他的血液样本中检测到了耐甲氧西林金黄色葡萄球菌。经过体外培养试验后，该细菌对万古霉素敏感，医生才确定了这是一次常见的耐甲氧西林金黄色葡萄球菌感染，所以马上使用万古霉素进行治疗。

然而，在使用了万古霉素一个月过后，从患者血液中检测到了耐万古霉素的耐甲氧西林金黄色葡萄球菌。这可吓坏了所有的医生，急忙对患者进行了单独的隔离并且将药物替换为了达托霉素。使用达托霉素后的第一周内，情况似乎有所好转，但是第二周，患者的呼吸系统症状加重，情况急转直下。从直肠培养物与呼吸道培养物中检测出了耐万古霉素肠球菌、耐青霉素肺炎克雷伯菌与鲍曼不动杆菌。2012 年 10 月，将治疗方案修改为左氧氟沙星与硫酸多黏菌素 B，然而不到一个月的时间，患者出现多器官衰竭，最终死亡。

从检测到耐万古霉素菌到该患者死亡只有不到 4 个月的时间。耐万古霉素菌几乎是拖垮了这个可怜病人的免疫系统。在其生命的末期，甚至可以在抽取的血液中培养出白假丝酵母菌（又称白色念珠菌）。这种菌居住在健康人体的口腔中，平时基本是无害的，每当人体虚弱、有机可乘

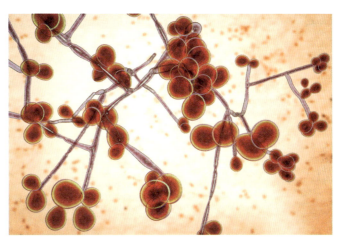

白假丝酵母菌

的时候，它便会伺机而动，成为生命的最大威胁。

在众多的耐万古霉素细菌中，有两大类最为人们所熟知。

第一类是耐万古霉素的金黄色葡萄球菌。高水平的万古霉素耐药金黄色葡萄球菌在临床上的检出概率很低，鲜有报道。但是"异质性万古霉素中介金黄色葡萄球菌"和"万古霉素中介金黄色葡萄球菌"这两种万古霉素低水平耐药细菌却广泛流行。其中，部分"异质性万古霉素中介金黄色葡萄球菌"是耐甲氧西林金黄色葡萄球菌治疗的产物，在法国与美国均报道过两种细菌同时存在于一位患者身体中的情况。这类低水平耐药的金黄色葡萄球菌非常狡猾，一般混杂于敏感型菌株内，导致在体外试验中总体表现出对万古霉素的高敏感度，但是患者用药后却很难见到良好的疗效。现阶段也缺乏高效、廉价的筛选手段，不同的研究结果大相径庭，缺乏黄金标准。其治疗方案更是模糊，由于其在体外总是表现出对多种抗生素的敏感度，异质性万古霉素中介金黄色葡萄球菌的治疗方案总是发生变化，但是最终的临床疗效大多不尽如人意。无法快速

推出有效的治疗手段也与对这种细菌的认知不足存在很大的关系。对于它为什么能够摆脱万古霉素的杀伤作用更是众说纷纭。

第二类则是对万古霉素产生耐药性的细菌：耐万古霉素肠球菌。耐万古霉素肠球菌最早于 1988 年在英国被发现，随之澳大利亚、美国、比利时等一众国家均报告发现了耐万古霉素肠球菌。1996 年，美国疾病预防和控制中心报告了重症监护室内与耐万古霉素肠球菌相关的细菌感染比例由 1989 年的 0.7% 上升到了 13.6%。甚至在后来不到 10 年的时间内，迅速攀升到了 31.3%。2007 年，我国第一次公布了国内耐万古霉素肠球菌的数据，检测中将近 10% 的肠球菌对万古霉素耐药。

善于藏匿在肠道中的肠球菌

为什么耐万古霉素肠球菌的传播速度如此之快，其实从它的名字中就可以获得解答。肠球菌是一类在人类肠道中大量定植的菌属。这相当于一个巨大的培养箱，在抗生素的筛选压力下，只有能够承受住抗生素筛选压力的细菌才能够存活下来。久而久之，人体内大量的肠球菌便得到了获得性万古霉素耐药性。

除了获得性的万古霉素耐药性外，这小小的肠球菌还有一个令人生畏的特点，即它天生对包括青霉素、头孢菌素在内的常用抗生素具有抗性。相当于给原本就已经全副武装的敌人又套上了一层保护壳。

此外，它还非常擅长伪装与隐藏。耐万古霉素肠球菌是正常人体肠道栖息的细菌，因此在人类的肠道内并不会引起典型的肠道反应，只有当患者在高危环境下，例如严重疾病、严重免疫抑制时，耐万古霉素肠球菌才会引起包括菌血症、心内膜炎等在内的一系列临床症状，威胁到患者的生命。

除了自身的"坚韧"外，耐万古霉素肠球菌还可以将耐万古霉素的本领传授给其他细菌。比如耐甲氧西林金黄色葡萄球菌能够在耐万古霉素肠球菌的"教导"下，进化为更加强大的超级细菌。

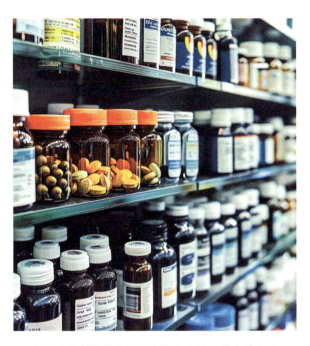

加强药品销售监管是防止抗生素滥用的有效方式

面对如此强大的敌人，人类显然还没有做好准备。到目前为止，只有利奈唑胺一种药物能在临床上对耐万古霉素肠球菌导致的菌血症以及尿道感染进行治疗，这种药物也被列入了《药品网络销售禁止清单》中以防止滥用。开发更强大的抗生素来应对超级细菌，严格控制抗生素的使用防止超级细菌的出现，这两种策略必须同时进行，才有可能守护住人类最后的抗感染防线。

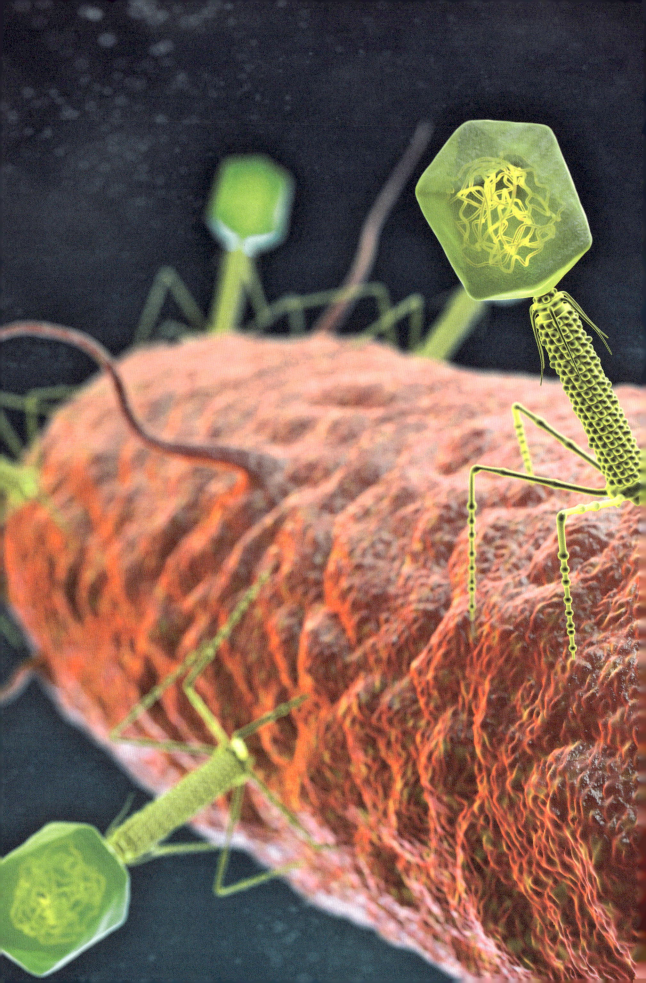

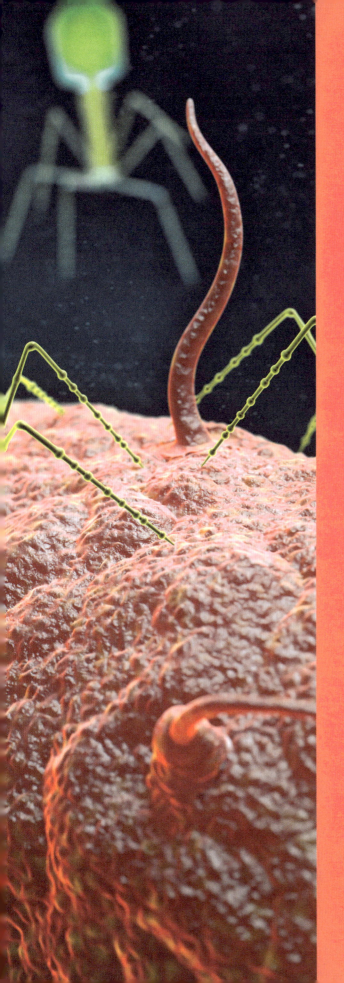

第四章

事前诸葛亮，事后司马懿

——人类与超级细菌的博弈及策略

一、慎之又慎，对症下药

细菌无处不在，从方方面面影响着我们的生活。微小的它们关联着我们认知中的许多事物：风味食品、抗生素药物、科研工具……然而，轻易变酸的牛奶和肉汤、生病时剧烈的肿痛和频繁腹泻都在警醒着我们：细菌，尤其是致病菌，给我们带来的危害同样遍布生活的角落。千百年来，人类一直在与这些微小的敌人们斗智斗勇——各种各样的抑菌、灭菌、消毒技术层出不穷，成为人们抵御细菌危害的有力武器。在这一节中，我们将看到面对细菌带来的各种困扰，人们是如何未雨绸缪、防患未然的。

从发酵失败到伤口化脓

法国是当之无愧的"浪漫之国"，其古典文学和葡萄酒在世界范围内享有极高的声誉。多数人并不知道的是，在两次世界大战之前，法国的啤酒也同样闻名于世。罗马人的入侵将啤酒的生产工艺带入了法国，这种口感清冽、回味甘甜的酒品很快就得到许多人的喜爱，法国的啤酒工业也在此时得到了蓬勃的发展。然而，由于当时的酿酒工艺还不够成熟，啤酒在酿造的过程中很容易变质，酒液变得又酸又稠、难以下咽。在那个连医学界对手术工具、床单消毒都毫无概念的时代，这样的现象属实令人困惑不解。啤酒厂的酒商们苦不堪言，只能将一桶桶原本甘美的酒液倒入下水道。

为了减少损失，酒商们找到了当地颇有名望的科学家路易·巴斯德，请他帮助解决这一难题。通过显微镜观察，巴斯德发现啤酒变酸的原因是杂菌的污染——啤酒酿造和储存的过程中乳酸杆菌在酒液中大量繁殖并不断积累代谢产物，使啤酒的风味发生了巨大的改变。

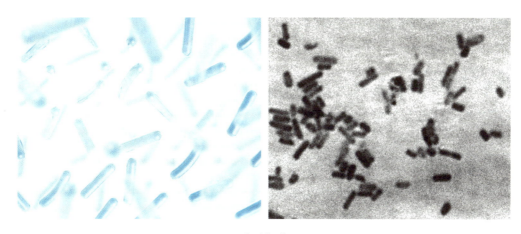

乳酸杆菌

食物的发酵过程是人们运用经验和知识合理地利用微生物为人类造福的过程，是食材、微生物和环境间的微妙平衡，而杂菌的污染破坏了原先美妙的平衡，它们的大量繁殖将整个发酵过程推向了另一个错误的、不可控的方向。巴斯德的这一发现，让人们明白了啤酒变酸的原因，他也通过实验探究找到了相应的方法来杀灭细菌并抑制杂菌的繁殖，使啤酒不再轻易变酸，更加容易储存和运输。

其实，早在《宋史》《北山酒经》等古籍经典中，祖先们的智慧已经向我们展现了抑菌和消杀工作的重要性。先人们通过煮沸、蜡封等方法进行黄酒发酵后的灭菌储

《宋史》内页

存，延长酒品的保存时间，方便将黄酒销售到更远的地区。

如果说风味的改变尚且还能忍受，但细菌污染的食物带来的安全隐患可是头等大事，最常见的表现就是吃坏肚子以后的腹痛、腹泻、呕吐等，又称为细菌感染性腹泻。19 世纪，世界范围内总共暴发了 6 次大规模的霍乱疫情，印度本地有约 3800 万人死亡，而即使在卫生条件相对更好的英国伦敦，也曾多次暴发大规模的霍乱疫情。一个以腹泻作为主要表现的疾病，造成了上千万人的死亡和世界范围内的大恐慌，这在今天看来是多么的不可思议。

除了霍乱弧菌、伤寒杆菌和痢疾杆菌这样在人类历史上留下沉重阴影的烈性病原体，许多其他种类的细菌也可以造成细菌感染性腹泻，如金黄色葡萄球菌、大肠杆菌、弯曲菌、艰难梭菌等。这些细菌通过粪–口途径传播，是最为常见的导致细菌感染性腹泻的病原微生物。它们繁殖速度往往很快，短短一小时内就能繁殖许多代，所以像是肉汤、牛奶这样高营养的食物尤其容易变质，如果保存不当，一两天便会散发出恶臭，不可食用。

巴斯德与鹅颈瓶实验

然而，在历史上却存在着一瓶神奇的肉汤，放置了四年都不曾"变质"，这瓶肉汤的制作者就是前面提到的法国著名微生物学家巴斯德。19 世纪 60 年代，巴斯德设计并进行了著名的鹅颈烧瓶实验以反驳"自然发生学说"。他将装有肉汤的烧瓶口部加热后拉长成形似天鹅脖颈的长口，然后将烧瓶内的肉汤煮沸以杀灭肉汤中残留的所有细菌。相较于正常敞口的烧瓶，鹅颈烧瓶内的肉汤可以保存更久的时间。由此可见，只要杀死已有的细菌并且保证没有新的细菌进入，即使是非常容易变质的食物也可以保存较长时间。

神奇的肉汤实验为我们生产生活中的防腐和保鲜工作提供了新思路。生活中我们常通过将食物煮沸来杀灭细菌，通过加盖保鲜膜的方式减少新细菌的进入，也可以通过冰箱冷藏或者冷冻的方式破坏适宜细菌生长的湿热环境。在食品厂生产和加工的过程中，常通过巴氏灭菌和辐照来杀灭细菌，通过密封或制作成罐头的方式减少新细菌的进入，但也会有用防腐剂来抑制细菌生长的方式。

也许大家有过这样的经历：阳光明媚的午后，约上三五好友在公园里玩耍，嬉戏打闹时难免发生磕磕碰碰，裸露的皮肤上或是擦出几道血红的印迹，或是留下整片的伤口鲜血直流。被小伙伴架着送去医务室，医生拿起各种药水和药膏一遍遍地涂抹，最后仔细地盖上一块洁白的纱布，还要嘱咐你乖巧一些，避免伤口碰水，用不了几天伤口就会痊愈。然而你知

玩耍时不慎跌倒　伤口应及时处理

道吗，在一个世纪以前，这样的伤口感染竟可以轻松地夺去人的性命。

人体的免疫系统拥有多个层级的屏障，位于最表层的皮肤和黏膜是外界病原体入侵人体的第一道防线，它就好比是一座城池的城墙和护城河拒敌人于千里之外。而当我们的身体表面出现伤口时，我们的身体便在局部位置"门户大开"，让许多的病原体有了可乘之机。病原体黏附在伤口之上，如同钻进了舒适的温床，便开始了它们肆无忌惮的繁殖。当机体感知到了它们的存在，迅速展开反击，一场微小的战争在这里暴发，红肿、发炎、流脓，是身体为了打赢这场战争付出的代价。可惜敌人太过强大！它们在短短的时间内就繁衍了数十

代，数量呈指数级增长，并借助血流去往身体各处，它们的代谢废物被排进血液造成全身器官功能异常，最终导致死亡。这样的过程在医疗卫生水平低下的过去比比皆是，也是很多战争中伤员死亡的主要原因之一。

类似的悲剧在人类历史上持续了上千年，直到 1928 年英国的细菌学家亚历山大·弗莱明发现了青霉素才被改变。自此，在人类和细菌的这场亘古战役中，胜利的天平逐渐向人类倾斜。经过 14 年的努力，青霉素可以在车间正式生产，并被应用在第二次世界大战伤员的救治中，挽救了无数名在战争中幸存却又在伤口感染的鬼门关前转了一圈的人们。现如今，青霉素已经不再是贵比黄金的救命药，而是寻常百姓也可以负担得起的基础药物了。而在这不到一百年的时间里，人类又发现了许多种类的抗生素。这些抗生素有着不同的来源，可以攻击不同种类、具有不同性质的细菌，为临床治疗提供了多样的选择。

青霉素发现者亚历山大·弗莱明

随着医学的发展和医疗卫生水平的提高，抗生素的使用也越发广泛，从受伤后感染的治疗到皮肤破损时的伤口处理，再到手术前的主动预防，处理方式也由过去的事后救急转变为了现在的防患未然，人类对于伤口感染的认识经历了多次的转变才最终成了现在的理性看待。只是在这个过程中，人类已经付出了太多惨痛的代价。

知识窗

病从口入——常见的食源性病原微生物

1. **沙门氏菌**　最常见的引起食物中毒的细菌，与动物制品、生鲜农产品、蛋制品等污染相关，可以造成伤寒以及非伤寒沙门菌感染，主要经口传播，病死率高达 10%。

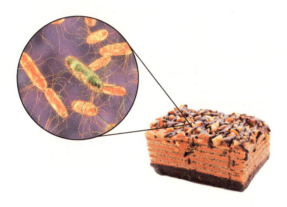

藏身于食物中的沙门氏菌

2. **金黄色葡萄球菌**　具有"嗜肉菌"的别称，常与肉类及其制品相关，危害性相对较小，死亡率低，症状出现迅速，会引起恶心、腹痛、腹泻、呕吐等症状。除此之外，金黄色葡萄球菌还是人类化脓感染中最常见的病原菌之一。

3. **肉毒杆菌**　广泛分布在自然界中，以土壤为主，故而容易造成食品的污染。肉毒杆菌能够产生毒力较强的神经毒素，所以该细菌的感染可能导致严重的，甚至是致死的疾病，可以导致肌肉（如呼吸肌等）麻痹，引起窒息等。

4. **单核细胞增生李斯特菌**　简称单增李斯特菌。对盐和低温具有较好的耐受度，常与冷藏食品的细菌污染相关，例如未经巴氏消毒的生牛奶、污染的乳制品、生的海产品等。单增李斯特菌的感染会导致发热、肌肉疼痛、恶心、腹泻，严重时可扩散到神经系统，是食源性疾病的重要死因。

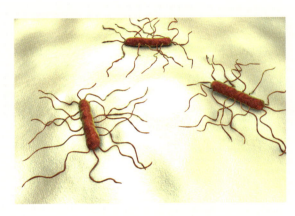

单核细胞增生李斯特菌

5. **志贺菌**　在健康人群中，志贺菌的感染通常是自限性的，主要症状表现为腹痛、腹泻、发热、呕吐等，经常与摄入被粪便污染的食物或水有关，主要依靠粪-口途径传播。

6. **副溶血性弧菌**　嗜盐性海洋细菌，与海鲜产品污染相关，尤其是与食用生的或未完全烧熟的海鲜有关，主要表现为腹泻、腹痛、呕吐等，严重可致败血症和死亡。

7. **蜡样芽孢杆菌**　与淀粉类食品（面食、土豆等）污染相关，夏季时室温保存的米饭容易受蜡样芽孢杆菌污染，导致腹泻型或呕吐型的症状。

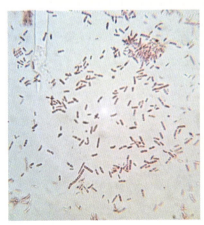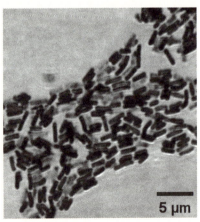

蜡样芽孢杆菌

转守为攻——消毒与灭菌

抑菌、抗菌、消毒和灭菌这四个词语，我们对之并不陌生，它们经常出现在洗护、消毒用品等的宣传标语中。但是如果不是学习医学或者生物学等相关专业的人，可能很难区分这几个名词的细微区别，甚至还会有一点迷惑：不就是把细菌杀死吗，为什么还会有这么多种说法呢？其实这四个名词分别对应了妨碍细菌生长的两个不同层级——抑菌和抗菌，以及消灭细菌的两个不同层级——消毒与灭菌。

抑菌和抗菌技术使用到的方法比较类似，都是利用物理或化学的手段来妨碍细菌生长或直接杀灭细菌。例如，我们可以通过向食品中添加防腐剂来实现抑制细菌生长的目的，也可以通过向原材料中加入抑菌剂或者抗菌剂来实现同样的目的。抗生素也是常见的抑菌剂，它可以破坏细菌的结构或者阻碍其正常的生命活动，从而实现抑菌。

知识窗

生活中的抗菌技术

随着物质条件的富足以及人们对于生活品质的不断追求，在挑选商品的时候除了关注其本身功能，人们也越来越在乎其附加价值。抑菌和抗菌材料就是近几年来商家们大肆鼓吹的一项功能：抑菌鞋垫、抑菌内裤、抑菌喷雾、抗菌菜板、抗菌筷子等相关商品琳琅满目，从吃喝到日用样样齐全，仿佛用了这些产品就能保证健康，高枕无忧了。那这些产品是真的有此神奇的功效还是仅仅是商家噱头呢？

其实，抑菌和抗菌技术使用到的方法比较类似，都是利用物理或化学的手段来妨碍细菌生长或直接杀灭细菌（抗菌技术），并不是什么新时代的高科技技术。商家们为了实现一定的抑菌或抗菌效果，常常会通过改变材质、添加防腐剂等手段。例如，使用不锈钢、树脂等材质制成的菜板，因其吸水率低，容易清理，降低了细菌残留和滋生的风险，相比于普通的竹制、木制菜板，具有一定的抗菌效果。而对于针织物的抗菌处理，现在流行的主要有两种技术，一种是将抗菌剂直接喷洒到织物表面，此方法的抗菌效果持续时间较短，在穿着和使用过程中会逐渐减弱；另一种方法则是将抗菌剂通过化学方法溶入织物中，以此来实现更为持久的抗菌效果。

而消毒和灭菌是我们在生活中更容易接触到的，两者的主要区别在于是采用较为温和的理化因素杀死大部分的病原微生物，还是采用强烈的理化因素杀死物体表面和内部的所有微生物。生活中常见的消毒手段，包括含氯消毒剂、紫外线、臭氧等。它们分别通过不同的方式各显神通：改变病原微生物内部的蛋白质结构、破坏基因组的分子结构、影响细胞膜的通透性。这些消毒剂具有较高的消毒效率，所以也被称为高效消毒剂。而其他的碘类、醇类、季铵盐类、金属离子类消毒剂，虽然消毒效率不及前者，但是因为各自的特性和特点，具有不同的应用场景，如用于伤口消毒、手术器具消毒、物体表面消毒、水消毒等。

相较于消毒而言，灭菌会使用物理或化学方法更彻底地杀灭微生物以达到无菌状态，多用于医疗机构、科研机

用高压灭菌器对医疗器械进行消杀

构、工厂等。常见的灭菌方法包括热力灭菌、辐照灭菌、过滤除菌等的物理方法，以及化学试剂灭菌（醛类试剂、烷化剂）等的化学方法。

虽然在生活中我们不经常使用灭菌技术，但是在自制酸奶、酒酿、果酒等发酵食品时，仍需要提前做好彻底的灭菌工作，以防发酵过程中的变质。常用的方法是将与食品接触的所有碗具、锅具、厨具等进行煮沸灭菌，使用的牛奶、糯米等也需要蒸煮彻底（即上文所述的热力灭菌）。在随后的操作中，只要保证不在发酵过程中引入新的杂菌，就可以静静守候，等待美味的诞生了。

前面我们介绍了巴斯德与法国啤酒厂酒商们的故事，现在让我们继续来聊聊巴斯德是如何解决这个难题的。那个时候的人们已经知道了啤酒是以麦芽为原料利用酵母发酵得到的，于是巴斯德用显微镜观察了变质的和未变质的啤酒以寻找啤酒变酸的原因。在显微镜下，巴斯德发现未变质的啤酒中仅有一种圆球状的酵母细胞，而变质的酒液中还存在一些细棍状的微生物，是它们在营

扫码了解有关巴斯德的
精彩故事

养丰富的酒液里大量繁殖使酒液变质，这些细棍状的微生物正是乳酸杆菌。正常情况下，啤酒酵母利用糖分生成酒精，而乳酸杆菌则会生成具有酸味的乳酸，这便是啤酒变质发酸的主要原因。

为了解决这个问题，就需要找到一种合适的方法来杀灭这些杂菌，你可能会说将啤酒煮沸岂不是简单又方便？可是啤酒不同于肉汤，啤酒煮沸的过程中会面临风味和营养的损失。为了找到一种合适的方法既能杀死乳酸杆菌，又能最大程度地保留啤酒的风味和营养，巴斯德将酒液置于不同温度的环境中保持一段时间，经过反复的实验，他发现56℃下加热30分钟，便可以达到良好的灭菌效果。

巴斯德将这个方法向酒商们推广，酒商们都面面相觑，半信半疑。为了说服酒商们，巴斯德便设计了一个对照实验：他将一部分的酒液通过加热的方法进行消毒，另一部分的酒液不作处理，一段时间后便发现经过加热

处理的酒液并没有发酸变质且口味纯正，酒商们这才相信了巴斯德并逐步将这样的消毒方法大规模推广应用。为了纪念巴斯德在微生物学研究以及疫苗应用等多个方面的伟大成就，这样低温消毒的方法被命名为"巴氏消毒法"。

正在实验室研究的路易·巴斯德

巴氏消毒法同样利用了病原体细胞中的蛋白质和核酸不耐热的特点，用适当的温度和保温时间进行处理，不仅杀灭了有害的病原体，还最大程度地保留了食品的风味。这样的处理方式不仅适用于啤酒，也非常适用于牛奶以及其他一些发酵食品的消毒，比如市面上我们常见的巴氏奶（用巴氏消毒法处理的鲜奶）。结合前文所述的消毒和灭菌的区别，我们可以知道巴氏消毒法其实并不能杀灭牛奶中全部的微生物，而仅仅是杀灭了对人致病的那一部分，仍会保留一些对人体无害的、相对耐热的微生物或者细菌芽孢，所以相比于超高温灭菌的常温奶（利乐砖、无菌塑料等形式包装的可以在常温存放较长时间的牛奶），巴氏奶必须保存于4℃～8℃的低温环境中，且仅能保存1～2周。但是经过对比不难发现，巴氏奶的味道更加香醇，这都要归功于巴斯德的伟大贡献。

在食品工业中，厂家一般使用防腐剂来抑制细菌生长。防腐剂的种类非常多，但是国家规定可以用于食品添加的却仅有几种，常用的防腐剂有山梨酸钾、苯甲酸钠等，它们在低浓度下就具有显著的抑菌效果，通过干扰细菌酶系、破坏细菌细胞膜的通透性等作用进行抑菌。除此之外，抗菌剂还具备一定的杀菌作用，可以有效杀灭特定种类的微生物。

二、扩宽思路，升级装备

正是凭借超强针对性武器"抗生素"，人类在与细菌的战争中才能不断获胜，看似摆脱了细菌感染带来的痛苦。抗生素逐渐被奉为万能神药。然而人类却不知道细菌每次的死亡其实都在为未来的复仇积蓄力量。直到1981年，细菌终于发动了反击，细菌战胜了抗生素的杀伤作用并伴随着更强的毒力，进化成了"超级细菌"。人类对细菌的疏忽大意最终使得与细菌战争的局面开始反转，超级细菌给人类带来的伤亡，让人类重新开始正视并思考应对不断进化的超级细菌的策略。

人类从超级细菌进化的原因以及方式了解对手加强了哪些技能点，并且重新审视现在已有的对抗细菌的手段，对这些古老、过时的方法进行改造，并结合其他学科发展的精华，再次碰撞出了新的火花。

噬菌体的陈年往事

大千世界，无奇不有。你肯定没想到，在细菌这个共同的敌人面前，人类与病毒曾有过精彩的配合。真是应验了那句话"敌人的敌人就是朋友"。

1915年7月的巴黎，第一次世界大战的硝烟弥漫，偏偏祸不单行，驻扎在巴黎郊区的一支法国骑兵中队中暴发了严重的出血性痢疾，整个部队都笼罩在疾病的阴霾中。

看着士兵们有人正痛苦地躺在地上，有人甚至生命垂危。队长罗格朗焦急万分："究竟是怎么回事？拉肚子比炸弹炸死的人还多？不能再这样坐以待毙了，我必须请求上级支援。"

就这样，正在巴黎巴斯德研究所工作的费利克斯·德赫雷尔（Felix d'Herelle）被指派对这场疫情进行调查研究。

费利克斯·德赫雷尔于 1873 年出生在加拿大魁北克的圣-朱利安村，没有接受过正规的高等教育，但是他在蒙特利尔大学学

费利克斯·德赫雷尔

习过微生物学。在那里德赫雷尔遇到了法国著名的微生物学家查尔斯·尚柏朗（Charles Chamberland）并成为他的助手。尚柏朗对德赫雷尔的才华和热情给予了充分的认可，并鼓励只有中学学历的德赫雷尔继续深入研究微生物学。

德赫雷尔来到疫区，并没有一头扎进实验室，而是先四处走了走。忽然，一个看似简单的问题出现在他的脑海里："明明在同一个地方得病，为什么有的士兵濒临死亡，有的士兵却症状轻微？""嗨！哥们，你跑哪里去了？大家都在等你。"同事安东尼热情地冲过来，却被德赫雷尔紧锁的眉头吓了一跳。当他知道了德赫雷尔的问题后，不由得一脸迷茫喃喃自语："别这么忧愁，也许就是有人感染的细菌变少了吧！"德赫雷尔若有所思，"变少，变少……"忽然想起自己正在研究的一种会导致昆虫发生肠炎的细菌，在培养的时候会出现透明斑点，好像是细菌被杀死了一样。想到这些，德赫雷尔明白下一步应该怎么做了，他三步并作两步来到了实验室。

在实验室里，德赫雷尔吩咐小组成员将轻重症状士兵的粪便样品制成无菌滤液，然后将这些滤液和志贺氏菌菌株混合培养——志贺氏菌正是从患者身上分离出来导致痢疾的元凶。在随后的观察中，德赫雷尔时不时地发现有些培养

161

皿上出现了一些不长细菌的透明斑点，这些培养皿里加的滤液恰好来自轻症患者。具有细微观察能力和思考能力的德赫雷尔灵光一闪，意识到这些"斑点"可能含有某种能杀死细菌的"免疫微生物"。德赫雷尔急着验证这个假设，于是将这些"斑点"收集起来，不顾众人的反对，在大家震惊的目光中吞下了它们，甚至注射到皮下。时间一秒一秒过去了，实践证明它们对人体是安全的。德赫雷尔兴奋极了，他意识到自己可能遇到了某种能杀死细菌的"隐身高手"。就在这时，有个士兵焦急地敲门："先生们！谁能救救我的伙伴？"德赫雷尔脱口而出"我"。"不可以！"玛格丽特博士坚定地阻止道，"太草率了！你在显微镜下什么都没看到！""不！我们愿意试。"敲门的士兵急切地看着德赫雷尔，"先生，我的伙伴已经奄奄一息，一点力气都没有了。看来凶多吉少，不如试一下。"

垂危的士兵接受了德赫雷尔的治疗以后，很快康复了。

于是，德赫雷尔把这些斑点称为噬斑（plaques），将引起噬斑的"免疫微生物"称为噬菌体（bateriophage）。这个名字由"细菌"和"噬菌素"（希腊语，意为吃或吞噬）组成，意思是噬菌体"吃"或"吞噬"细菌。随后，德赫雷尔将这些发现在1917年9月的科学院会议上公开，随后在会议记录中发表。

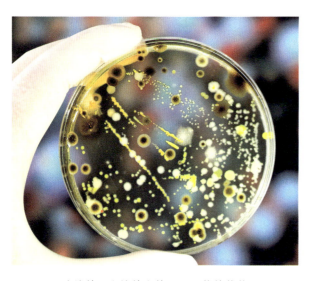

在培养皿上培养出的不同细菌的菌落

德赫雷尔不但用噬菌体治好了痢疾和霍乱。后米，他还用噬菌体治愈过黑死病。为此，德赫雷尔很受鼓舞，他在巴黎开了一家店铺，取名"噬菌体实验室"（Laboratoire du Bacteriophage）。就像一位制香师会为不同的场合调制不同的香料，德赫雷尔也为腹泻、皮肤感染和感冒配制了不同的噬菌体出售。

但严格意义上，这并不是噬菌体第一次与人类会面，其实早在 1896 年，英国细菌学家欧内斯特·汉金（Ernest H. Hankin）就证明了印度恒河和亚穆纳河的水中含有一种生物学物质，对霍乱弧菌具有杀菌活性，而且这种物质可以通过细菌不能通过的微孔过滤器。他用法语在《巴斯德研究所纪事》上发表了他的研究成果，但并没有作进一步的探索。随后陆续有研究人员的观察结果也认为与噬菌体有关，但都没有进行进一步的探索。直到 1915 年，英国微生物学家弗雷德里克·图尔特（Frederick Twort）在研究牛痘苗病毒时，发现在琼脂培养基上生长的白色微球菌放置一段时间后，颜色由白色变为透明。他将透明化的菌落取一小点接种到其他菌落上，后者也发生了透明化。他将透明化的菌落染色后放在显微镜下观察，发现细菌变成了一些更小的颗粒。因此，图尔特推论：很可能存在一种比细菌更小的且在超显微镜下看不到的"小病毒"（small virus），它们在细菌胞中生长，形成一种具有"生长力"的"不定形体"，可引起细菌的急性传染病。遗憾的是，图尔特的研究也到此为止。

德赫雷尔知道图尔特更早发现了噬菌体，但他认为自己才是噬菌体的发现者，坚持认为图尔特描述的现象与他的发现不同。这种激烈争议延续了十年之久。直到 1932 年，科学家对德赫雷尔和图尔特提取的物质进行了"平行比较"，最后得到的结论是：图尔特现象和德赫雷尔现象是相同的。于是，优先权的争论最终停止。人们公认图尔特和德赫雷尔是

降落在细菌上的噬菌体

噬菌体的共同发现人，并将其简单地称为"图尔特-德赫雷尔现象"，后来称为"噬菌体现象"。

1939年，在透射电子显微镜发明8年之后，哈尔墨特·鲁斯卡第一次观察到噬菌体，这也是人类第一次观察到病毒。

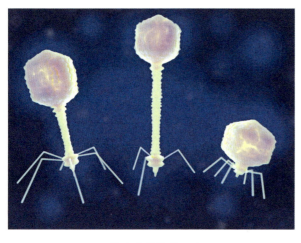

不同外表噬菌体的示意图

原来噬菌体的外表颇具赛博朋克的风格，它的头部是由蛋白质构成的二十面体，内部是核酸基因组，看上去仿佛是一个微小的机甲。噬菌体是一种非常小的病毒，一般直径在20～200纳米。大部分噬菌体还带有管状的"尾巴"结构，用来将遗传物质注入宿主细胞内。但噬菌体还有其他两种样子，即不带尾部的二十面体头和丝状结构。

虽然人们发现和看到噬菌体的时间并不长，但是它在地球上无处不在，可以说有细菌的地方就有噬菌体。因此，噬菌体被发现时就被寄予厚望，的确也掀起了一阵临床抗细菌感染治疗的热潮。直到20世纪30年代，抗生素的发现和使用才让公众对噬菌体的狂热归于冷却。主要原因是噬菌体感染细菌具有特异性，就是比较"挑食"，只吃"对口味"的细菌。然而一般的细菌感染多是由多种细菌引发的，要为感染的每一种细菌都找到匹配的噬菌体并非易事。而抗生素在抗细菌感染中的有效性、广谱性和廉价性，让人们感觉找到了抗感染的金钥匙。抗感染的噬菌体治疗就逐渐让出了主角的位置。

但是噬菌体具有高度选择性、容易培养、快速繁殖、多样性丰富、不会引起耐药性等特点，这是在生命科学研究中的优势。利用噬菌体做的研究，不但推动了基因工程、分子生物学、基因编辑技术等的突破性发展，还助力了多项诺奖级别的研究，真可谓"墙里开花墙外香"。

值得注意的是，噬菌体治疗近几年再度受到人们的关注。主要原因是耐药菌伴随着抗生素滥用不断出现且广泛流行，甚至出现了多耐药、泛耐药菌株及超级细菌。超级细菌感染逐渐无抗生素可用，因此人类在抗生素之外，迫切需要寻求更多的抗感染手段。于是，人类再次把目光投向了噬菌体治疗，进行不断的研究和发展。比如，发展出了"鸡尾酒疗法"来克服噬菌体特异性导致的不便，简言之就是把多种噬菌体组合在一起，扩大攻击细菌的种类。同时噬菌体疗法具有"特异性杀菌""易生长""适合基因改造操作"等特点，可替代或联合传统抗生素治疗。近年来，噬菌体治疗的报道越来越多，这或许预示着噬菌体治疗方法将"起死回生"，那些对多种抗生素耐药的"超级细菌"将面临真正的天敌。

抗生素的挖掘与改造

使用天然生物产生的抗生素来预防疾病的方法可以追溯到几千年前。2000 多年前中国、希腊、埃及和塞尔维亚都曾用传统发霉面包产生的黑褐色霉斑来治疗皮肤创伤引起的发热感染。公元前 1550 年的埃伯斯纸草卷，是目前已知最早的药物治疗的文字记录，其中包含大约 700 种治疗疾病的神奇配方和补救措施，比如许多药用土壤。随后，抗生素的发现替代了原始的治疗方式，20 世纪人类对抗细菌强有效的杀伤性武器是青霉素。人类在青霉素的发现及工业化生产提纯中耗费了大量的人力和金钱，然而发现越来越多原有药物无法治疗细菌感染的疾病后，分析得出细菌仅对目前广泛使用的抗生素产生了耐药性，而不是对未发现的或新发现的抗生素，这表明抗生素的滥用是抗生素耐药性迅速增多的主要原因。越来越多的人因为感染耐药性细菌无法得到有效治疗而死亡，英国政府预测，如果不对抗生素耐药现象采取紧急预防措施，到 2050 年每年将有超过 1000 万人死于耐药性细菌感染。

那科学家又想出了哪些方法来改进对抗细菌的武器呢？

首先是天然筛选抗生素。在 1945 年至 1978 年间发现的所有抗生素中，55% 来自链霉菌。土壤中的微生物能产生如此多种抗生素，可能的原因是抗生素是细菌在土壤中的重要竞争手段，保护细菌免受其他细菌的伤害，或是使用抗生素捕食其他细菌，又或是一种对昆虫或植物释放亲近信号的方式。科学家们发现，细菌基因中与抗生素相关的数量多到令人震惊，目前已有研究的抗生素仅占这类基因的四分之一，也就是说科学家已发现的抗生素仅是细菌在漫长进化中维持生存的武器库中的冰山一角。这些基因大部分将在特定的环境条件或与特定的宿主接触时触发，许多无脊椎动物，比如海洋中的海绵与产生抗生素的细菌组成了防御搭档，并且形成了共生关系，而这些特定的组合正是人类早期筛选抗生素的主要来源。

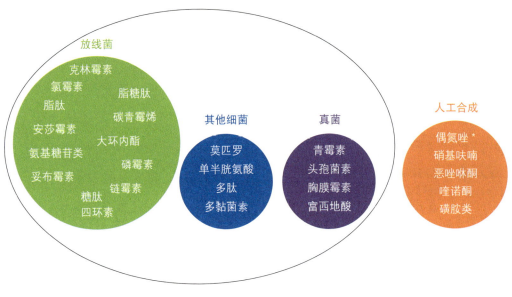

大多数临床相关抗生素都来自天然产物

在发现抗生素的黄金时代，几乎每年都会从土壤样本中分离出几种新的抗生素。然而由于产抗生素细菌培养的局限性，新型抗生素的发现在未来也许将出现断崖式的降低。在过去的几十年中，无论是新细菌产生的抗生素还是已有细菌的发酵提取物，都与已知的抗生素相同，这表明"唾手可得的果实"都已收入囊中，也导致大多数抗生素药物研究公司都停止了对天然抗生素的筛选。比如葛兰素史克（GSK）公司在 7 年内对约 50 万种潜在抗生素化合物进行过筛选，然而仅发现少量抗生素且均与已知抗

来自土壤细菌的抗生素（概念说明）

生素相似。同样地，阿斯利康公司在 65 项抗生素项目中发现了一些潜在新抗生素，但由于对多重耐药细菌没有杀伤性所以导致项目失败。这说明耐药的超级细菌产生了超越自然中细菌相互抑制的抗性，超级细菌受到了比自然界中细菌更残酷的生存考验，自然获得了比自然界中细菌更强的生命力，就算从自然环境中筛选出更强的杀伤性武器，在超级细菌眼中都不过尔尔。

好在天无绝人之路，天然筛选抗生素可以从来源进行改进。海洋被认为是新型抗生素产生的希望之地。抗生素发现的黄金时代采取的多为浅层土或人类活动区域土壤，而人类无法进入的或是未开发的环境意味着存在新抗生素的可能。最新发现的来自海洋放线菌的新型抗生素，与目前已有的抗生素的结构不同，除了抗菌作用外，还能够治疗胶质母细胞肿瘤。其次，共生细菌的筛选也是新抗生素极好的来源，还可从中了解抗生素在自然界中的实际功能。比如海洋中海绵的共生细菌产生的抗生素具有超强的抗菌能力。此外，人类肠道中共生的许多细菌也被认为具有潜在的研究价值。

在拓宽了样本来源后，新抗生素的发现还需要解决的一个至关重要的问题，就是如何培养生产大量的抗生素。比如从草堆肥中分离出来的梭菌含有抗生素基因，表明这种细菌可以生成抗生素。但是在实验室条件下培养出来的梭菌并没有产生抗生素，而神奇的是，在细菌培养基中加入含水土壤的提取物后，梭

菌就会产生抗生素。这也的确是值得我们深入思考的问题。

而随着土壤中大量抗生素被发现，新抗生素的开发速度逐渐迟缓，抗菌效力增幅也开始变小，因此便出现了对原有抗生素结构进行改造的半合成抗生素。

微生物随着时间推移逐渐适应周围环境，恶劣环境加速了抵抗抗生素武器的产生速度。微生物可以通过限制抗生素药物的进入、排出抗生素药物、破坏抗生素药物结构等方式来限制抗生素的抗菌能力，导致耐药细菌感染率不断升高。尤其是医院中不同病原微生物在狭小的空间内同时存在，更有利于抵抗抗生素的武器在多种细菌间传递。

为了缩短新抗生素的筛选时间，半合成抗生素在原有抗生素的骨架上进行改造加工。抗生素经过改造之后，具有更强的杀菌活性，更稳定且不容易被分解，同时也解决了细菌对改造前抗生素的耐药性。那么，对抗生素的改造应该考虑哪些方面呢？

科学家们通过反复实验改造出新的抗生素

首先要增加抗菌种类，通常改造后的抗生素更容易进入细菌内，从而增加了抗生素的抗菌种类；其次要增加抗菌活性，改造后能使得抗生素更快速、更强有力地杀死细菌；还要解决耐药性问题，有些抗生素的滥用导致原有抗生素无法再对细菌进行杀伤，因此可以改变抗生素的外观从而骗过细菌的识别系统，再次对细菌进行杀灭；此外应增加药物稳定性，有些抗生素在体内特别容易被降解，导致药物还没到达杀灭细菌的部位就已经被人体消灭了，改造后的抗生素能够在抵达受伤部位后发挥更长时间的药效。同时，可以增加一些调味剂来改良药物苦涩的口感。

1958 年，科学家谢汉首次合成了半合成青霉素，中国的半合成抗生素以此为基点继续改造。半合成抗生素中迭代最快的就是头孢菌素类药物，头孢菌素作用最广谱、应用最多的抗生素目前已经迭代至第五代，不同代数的头孢菌素类药物能够对不同种类的细菌进行杀灭。但我们要知道的是，每次代数更迭的背后其实都是由于药物滥用导致的耐药菌问题。

而最后一个方法便是全合成抗生素。由于耐药性问题逐渐加剧，现有抗生素的筛选和改造方式已经不能满足需求。因此，两种新技术正应用于目前新型抗生素的合成：一种是全基因测序技术，即在了解细菌如何生长、摄入食物后，通过计算机辅助设计出新型抗生素；另外一种新型技术则是噬菌体技术。

全基因检测技术最伟大的进步在于应用人工智能辅助抗生素设计。像前面提到的临床上常见的超级细菌耐甲氧西林金黄色葡萄球菌（MRSA），通常导致皮肤感染或肺炎，严重的还会出现败血症甚至死亡。詹姆斯教授针对这一种耐药菌，首次凭借人工智能程序开发出新的抗生素，由程序获得的新抗生素与传统抗生素具有完全不同的结果，前者具有更强的耐药菌杀伤能力。詹姆斯教授使用数百万个已经鉴定的具有抗菌活性的抗生素来训练人工智能程序，帮助其判别什么化合物有杀伤细菌的能力，然后这个程序通过将不同结构组合创造出新的抗生素。得到人工智能程

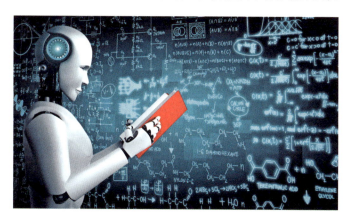

人工智能技术助力科学家发现新抗生素

序设计的新抗生素结构后，詹姆斯教授合成了这些从未出现的新型抗生素，然后在感染了耐甲氧西林金黄色葡萄球菌的小鼠体内，测试药物的细菌杀灭效果，结果表明药物不仅能有效杀死细菌，而且对小鼠几乎没有毒性。人工智能的出现将加速新型抗生素的发现，并且能够准确预测抗生素的活性和对人体细胞的毒性。

备选的技术是噬菌体技术。一位身患严重肺病的老爷爷在医院使用多种抗生素后病情仍不见好转，经检查原来是感染了能抵抗多种抗生素的耐药性细菌，那这个老爷爷还有其他办法治疗吗？当然！可以使用噬菌体。噬菌体是一种能进入细菌并杀死细菌的病毒，进入细菌后噬菌体会利用细菌内的化合物合成子代噬菌体，等到有足量的子代噬菌体在细胞内时，就会裂解细菌释放出所有的噬菌体到周围的环境中进行下一轮的循环。噬菌体是消灭耐药菌最有效的撒手锏。科学家还可以改造噬菌体，增加噬菌体对细菌的杀伤性或使噬菌体对某一类细菌更具有偏好性。噬菌体在避免耐药方面有着天然的优势，因为噬菌体对细菌的杀伤是毁灭性的裂解，所以不会有幸存的细菌进化出抵抗噬菌体的能力。"聪明"的噬菌体只对细菌感兴趣，也不会对人体细胞造成伤害，自然避免了噬菌体用药的毒性。

如果不对抗生素本身进行改造，还有没有其他的方法能够提高抗生素的杀菌效果呢？科学家还想到了更巧妙的解决方案，可以让抗生素仅针对人体致病性的病菌，这样就避免了大量的非致病细菌承受抗生素带来的生存压力，进而产生耐药性，耐药性基因也不会转移到致病细菌体内。比如新的纳米机器人，就可以携带抗生素准确地杀伤存在于特定器官或特定种类的细菌。也有部分益生菌和中草药起到了相同的作用，能够辅助抗生素对细菌精准杀伤。

人造"开关"：新型小分子化合物

通过前面的对抗我们知道，抗生素和噬菌体一直被视为与细菌作战的锐利武器。然而，随着科学的深入探索，我们逐渐发现了一种更为神奇且潜力巨大的法宝——核酸开关。它不仅颠覆了我们对基因调控的传统认知，更是在抗菌领域展现出了令人惊叹的效果。

核酸开关，这一术语可能听起来陌生，但它的影响力却不容忽视。与抗生素和噬菌体不同，核酸开关并不直接杀灭细菌，而是通过一种更为精妙的方式调控基因的表达。它就像是一个智能开关，能够根据体内小分子化合物的变化，精准地控制 RNA 的结构和功能，从而影响细菌的生命活动。

核　酸

核酸是脱氧核糖核酸（DNA）和核糖核酸（RNA）的总称，是由许多核苷酸单体聚合成的生物大分子化合物，是生命最基本的组成物质之一。核酸是一类生物聚合物，广泛存在于所有动植物细胞、微生物体内。核酸由核苷酸组成，而核苷酸单体由五碳糖、磷酸基和含氮碱基组成。若五碳糖是核糖，则形成的聚合物是 RNA；若五碳糖是脱氧核糖，则形成的聚合物是 DNA。绝大多数 DNA 存在于细胞核中，担负着遗传与变异的使命，同时还担负着指导蛋白质合成的使命。RNA 主要存在于细胞质中，它们根据 DNA 的指令，利用氨基酸合成蛋白质。

想象一下，一个微小的 RNA 元件，能够与体内的各种小分子化合物（如核酸、氨基酸、金属离子等）相互作用，不仅改变了依据 DNA 合成的 RNA 的结构，更从 RNA 层面调整了基因的表达。这种调控机制在微生物中普遍存在，但在我们人类的细胞中却鲜有发现。这意味着，核酸开关具有独特的微生物特异性，有望避免对人体产生副作用，成为一种全新的细菌杀灭手段。

核酸开关的发现始于 2002 年。当时，科学家 Winkler 在大肠杆菌中发现了一小段特殊的 RNA。这段 RNA 能够与非蛋白类的小分子物质结合，并随着空间结构的改变失去原有的基因活性。Winkler 将这种非蛋白小分子对核酸的直接控制命名为"核酸开关"。这一发现为我们打开了一个全新的世界，让我们对基因调控有了更深入的理解。

那么，核酸开关是如何发挥神奇作用的呢?

它的工作原理其实并不复杂。核酸开关主要由两部分组成：一段序列保守的 RNA 和与 RNA 结合的非蛋白小分子物质。这段序列保守的 RNA 本身具有调节下游基因表达的功能，如 RNA 的剪切、转录、翻译等过程。当核酸开关关闭时，它可能引起转录终止、翻译抑制和 RNA 剪切三种结果。这意味着，通过调控核酸开关的状态，我们可以精确地控制基因的表达，从而影响细菌的生命活动。

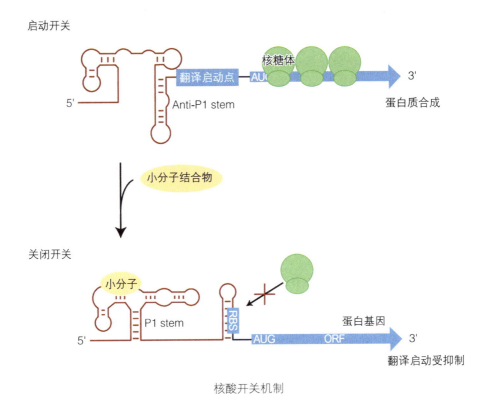

核酸开关机制

值得一提的是，核酸开关是一种在革兰氏阳性菌中广泛存在的开关机制，对细菌的生存至关重要。相关重要发现为多重耐药的金黄色葡萄球菌的治疗提供了新的希望。

尽管核酸开关作为抗菌药物的靶点具有很多优点，但目前的研究还存在一些限制和挑战。例如，我们需要在体外合成这些核酸开关配体的类似物，并确保它们能够进入细菌的代谢途

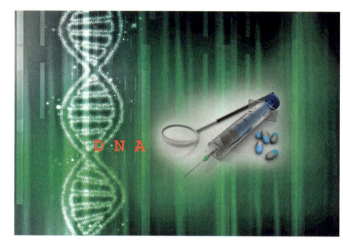

核酸开关的研究在未来或许能造福人类

径并与核酸开关结合。此外，我们还需要验证这些类似物在进入人体后是否也能发挥抗菌作用。随着科学技术的进步和研究的深入，我们有理由相信，在不久的将来，核酸开关类药物将作为新一代抗菌药物为患者带来福祉。

知识窗

核酸开关的其他应用

除了在抗菌领域的应用外，核酸开关还在工程菌株的筛选和生物传感器的构建中发挥着重要作用。研究人员可以利用核酸开关的特性，设计出能够感知特定信号并作出相应反应的工程菌株。这些工程菌株可用于生产特定化合物、清除环境中的有害物质等，为生物工程领域的发展提供了新的可能性。同时，核酸开关也被应用于构建新型生物传感器，检测环境中的污染物、监测生物体内特定代谢产物等。这些生物传感器具有高度的灵敏性和特异性，为环境监测和疾病诊断等领域提供了有力的工具。

目前，工程化的核酸开关已经成功应用于筛选工业菌株、研发新药、

构建酶分子的定向进化以及开发新型生物传感器等领域。这些应用不仅展示了核酸开关的广阔应用前景，也为我们提供了更多了解和利用微生物的机会。我们也期待着科学家们能够继续深入研究核酸开关的工作机制和潜在应用，为人类的健康作出更大的贡献。

专业抗菌：抗菌肽

在人类和微生物对抗的"拉锯战"中，微生物就像练习了"隐身术"的特殊战士，总是能侵占人体这座城池且长期不被发现。但是微生物也没能一直占领绝对优势，可见这座城池的防御体系还是十分强大的，这倚仗的就是人类的免疫系统。免疫系统遍布层层机关，保护着人体这座大城池，因此吸引了不少科学家带着好奇心不断探索，来自瑞典的科学家汉斯·古斯塔夫·博曼（Hans Gustaf Boman）就是其中一位。

扫码了解有关抗体的
精彩故事

在和微生物打交道的这些年，博曼有时感到特别困惑，因为他知道人类这座城池里有一位勇敢的守护者，叫"抗体"。但是抗体虽然威猛，却需要好几天的时间才能招募到足够的士兵来对抗微生物。这让微生物有机可乘，它们会趁机快速繁殖，试图占领人体的每一寸土地。然而，人类并没有因此立刻"崩溃"。难道在"城池"里面还住着其他拥有神秘力量的"高人"吗？

带着这个疑问，博曼开始了他的实验。因为昆虫不产生抗体，博曼一开始用果蝇做实验。博曼发现当果蝇被一些不那么厉害的细菌攻击过以后，再遇到厉害的细菌攻击，就像是提前做好了准备，会变得更强壮，更有抵抗力。就像在运动会上提前做了热身运动，更容易发挥出自己的最佳水平。更令人吃惊的是，如果直接提取被细菌攻击的果蝇体液，也能迅速杀死细菌。这表明果蝇被细菌攻击以后，直接启动了一定的防御来抵抗外来感染，产生了某种不是抗体的物质。这种物质不像抗体那样需要花时间招兵买马，而是自己直接冲锋上阵，在一线抵御入侵者。于是，科学家给它取名为"抗菌肽"（antimicrobial peptide）。

常用于科学实验的果蝇

虽然这位神秘大师现在有了"江湖名号"，但其真面目仍然鲜为人知。为了能了解更多关于抗菌肽的信息，科学家们决定找一个更大的实验对象——"惜古比天蚕"。经过一系列的努力，科学家们终于成功地把这位神秘大师请出山了。1981年，科学家得到了纯化的抗菌肽，因为是在惜古比天蚕中纯化出来的，所以也叫作天蚕素（Cecropin）。随后研究人员在动物、植物和微生物中都找到了抗菌肽，也就是说几乎所有的生物都能产生抗菌肽。

知识窗

抗菌肽小档案

抗菌肽是一类带有高度正电荷、具有强碱性、热稳定性以及广谱抗菌等特点的活性多肽。它的分子量在2000～7000道尔顿左右，由约20～60个氨基酸残基组成。广泛存在于动物、植物和微生物中，按照来源不同，可分为动物源抗菌肽（如天蚕素和铃蟾肽）、植物源抗菌肽（如硫堇和植物防御素）、微生物源抗菌肽（如肠杆菌肽和杆菌肽）及人工抗菌肽等。目前，抗菌肽数据库（Antimicrobial Peptide Database，APD）收录了三千多种抗菌肽。

抗菌肽的"性格特点"

抗菌肽是先天免疫系统不可或缺的组成部分，同时也是组成黏膜防御的重要物质。当机体受到感染时，能够合成和储存抗菌肽的细胞率先发挥作用，在对抗损伤和感染的免疫反应中起着至关重要的作用。

因此，抗菌肽既是真核生物中抵御微生物攻击的重要防线，也是原核生物生存竞争的产物，可以用它来限制其他微生物的生长，从而实现抑菌目的。

那么抗菌肽的神秘力量来自哪里呢？科研人员经过深入的研究发现，有时候抗菌肽"大师"身披满是正电荷的外套，显得格外英俊潇洒。惹得爱穿负电荷外套的细菌根本抵挡不住静电吸引，直接投怀送抱，导致细菌细胞膜穿孔，内容物泄漏，含恨而终。而有时候抗菌肽"大师"会穿越细菌细胞膜防线，直接进入细菌细胞内部，或破坏总指挥部，抑制 DNA、RNA 的合成；或销毁蛋白工厂，干扰蛋白质合成，抑制细菌细胞内酶的活力、呼吸作用和细胞壁的形成等过程。

可能正是因为抗菌肽的抗菌技能具有多样性，它在应用过程中产生耐药性的概率才会比较低。所以，在抗生素耐药性不断发生的背景下，具有独特杀菌机制的抗菌肽成了最佳备选。

由于抗菌肽的抗菌能力接近抗生素，抗菌谱广，既可以单独使用，也可以与常规抗生素、抗病毒药物或其他抗菌成分联合使用以获得协同效果，因此，抗菌肽在临床药物、食品、畜牧业、水产养殖等领域都有较广泛的应用。

副业转正：凝血酶

除了人类在自然界中发现的抵抗细菌入侵的各种药物，人体内还有一种执行着与杀菌毫不相关任务的物质，但也能在抵抗细菌入侵人体的过程中发挥作用，这个神奇的物质就是凝血酶。凝血酶在人体中的主要任务是当皮肤受到外界刺激有伤口时，"搭建"起阻挡血液流出血管的护城墙。那凝血酶在凝血过程中具体发挥了什么作用呢？

事实上，凝血的过程可以分为三个阶段：血管痉挛→形成血小板栓→凝血。当血管出现损伤时，血管就会收缩限制血液的流动，避免更多的血液从血管的缺口处流出。但是血管收缩后会导致血管更紧地贴近附近的器官，导致医生更难找到、夹住或切断血管，对一些与血管相关的手术产生了阻碍。当血管收缩之后，流动在血液中的血小板在血管缺口处接触到了血管外的世界，血小板就会"好奇"地聚集在一起，从圆形变成长满尖刺的形状，同时也会变得更黏稠，会与血管破裂处的胶原蛋白结合形成血小板栓。血小板栓可以暂时密封住血管的缺口，为身体争取了时间对血管进行修复。这个过程与现代海军战舰修复船只的方式相似：这些战舰上常携带各种木塞来暂时修复船体上的小裂缝，等到战舰回到停靠的港口后再拔出木塞进行永久性的修复。

① 创伤。血管被切断后，血液以及血液内的成分（比如红细胞、白细胞等）从缺口处泄露

② 血管痉挛。血管内侧的肌肉组织开始收缩，减少血液流失

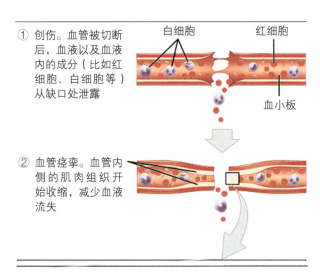

③ 血栓形成。血小板引起血液中的物质在血管缺口处进行交联，血小板开始长刺

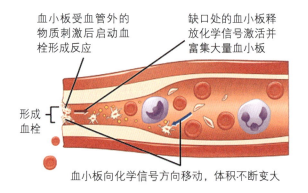

④ 凝固。纤维蛋白覆盖在血栓上形成筛子堵塞缺口，缺口处形成了凝块

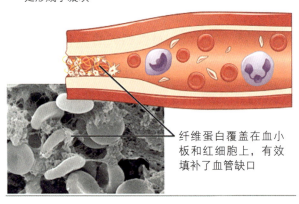

凝血过程图解

凝血酶在血管修复中发挥了重要的作用，那为什么凝血酶还具有杀伤细菌的能力呢？原来，皮肤伤口的出现会增加空气中细菌入侵伤口的机会，严重的细菌入侵可以造成器官感染和败血症，所以人类在进化过程中让凝血酶在修复血管时也有了杀灭细菌的能力。而凝血酶杀灭细菌的秘诀在于凝血酶蛋白末端的一小段蛋白质，具有在人体受伤期间产生治疗细菌感染和抵抗感染休克的能力。伤口感染早期，少量的细菌会引起机体免疫系统的监察部门发出警报，而大量的感染就会导致感染的伤口发生炎症。凝血酶末端的小段蛋白质与细菌的毒刺外壳结合后，能够缩短免疫系统发现细菌入侵的时间。而发现入侵的细菌后，凝血酶守卫不仅把敌人的外貌特征详细描述给上级的免疫系统，还会同时破坏细菌的细胞膜从而杀死细菌。凝血酶像勇猛的战士不断地杀灭敌人并等待援兵到达。

知识窗

抗凝剂与血栓的消融

凝血过程中形成的血栓对人体来说是一个特殊的存在，它的出现有时会给身体带来益处，有时则会带来疾病。因此血栓需要快速地在需要的部位出现，而在不需要的时候马上降解。

血栓是血小板、红细胞甚至白细胞的混合体，通常被困在一团纤维蛋白中保持不散架。凝血中的血栓形成是正常的过程，但异常情况下异常部位形成的血栓则会影响某个区域血液的流动，导致血压上升，因此心脏常需要产生更大的压力来克服血管中的阻力，使得血液顺利地回流到心脏。那血管中又有哪些物质可以避免血栓在异常部位产生呢？

答案是抗凝剂。

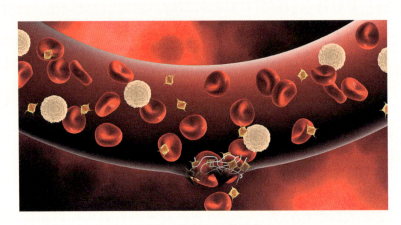

血管中局部血栓的形成

抗凝剂是血管中防止血液凝固的物质。血液中嗜碱性粒细胞释放的肝素便是一种短效抗凝血剂，存在于血管内壁细胞的表面。肝素在脑血栓或其他血栓疾病中有非常重要的作用，能够迅速地溶解堵塞的血管，避免病人死亡。而血友病病人天生就有凝血障碍，病人的体内通常血小板生成不足，即使是微小的伤口也无法快速形成血栓，导致病人出血过多。血友病通常具有遗传性，他们需要从健康人的血液中筛选到他们自身缺少的凝血成分，再补充到自己体内进行治疗。

凝血酶可帮助我们及时止血

除去自身的抗菌能力外，凝血酶还能与血液中的多种物质相互作用达到抗菌的效果，比如血小板。凝血酶与血小板作为搭档时，凝血酶是在前线奋勇杀敌的将军，血小板则是不断输送弹药和物资的后勤队员。血小板接到凝血酶的信号后，能够释放大量的生物活性物质。这些物质一部分能够加速血管修复，避免更多细菌的进入，另一部分能够抑制细菌的繁殖。

血小板

　　血小板是从骨髓成熟的巨核细胞胞质脱离下来的小块碎片。血小板体积相对较小，直径为 2～4 μm，但数量众多，通常每微升血液中有150000～160000 个血小板。进入体液循环后，大约三分之一的细胞迁移到脾脏内进行储存，以便在血管破裂时释放。血管破裂后，它们被激活以发挥主要功能，即限制失血。血小板仅保留约 10 天，然后被脾脏和肝脏中的巨噬细胞吞噬。血小板对止血至关重要，它们还分泌各种生长因子，这些生长因子在组织的生长和修复中发挥着重要作用。

　　人体内还有很多与凝血酶类似的有双重身份的蛋白，比如引起阿尔茨海默病的 β 淀粉样蛋白，这种蛋白也具有抗菌活性，可以同时发挥抗菌和免疫调节的作用，使细菌的细胞膜发生破裂导致细菌死亡。

防患未然：抗菌疫苗

　　"预防胜于治疗"。在过去一个世纪里，人类发现了抗生素这类神奇的药物，它像是一位勇敢的战士，帮助我们抵御了无数由细菌引发的疾病。然而，随着时间的推移，这些细菌变得越来越聪明，它们学会了如何抵抗抗生素的攻击，这就是所谓的"耐药性"。想象一下，如果有一支强大的敌军，而我们手中的武器却逐渐失去了效力，那会是多么危险的局面。耐药性细菌正逐渐成为全球公共卫生的一大威胁。研究发现，每年有数百万人因感染而死亡，其中许多感染是由那些对抗生素产生耐药性的细菌引起的。人类被这些微生物感染时，再稀缺的药物也对致命的细菌变得无力。为了应对这一挑战，科学家们正在努力研发新的武器——疫苗。

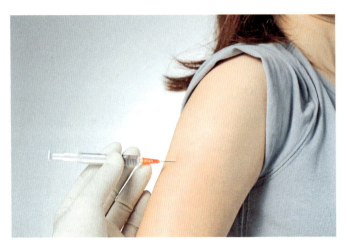

按需接种疫苗也是抵抗特定疾病的有效方法

疫苗，作为现代医学的重要成果，是预防传染病的关键手段。那么，疫苗究竟是如何在我们身体内发挥作用的呢？这背后涉及了人体免疫系统的复杂机制。

人体免疫系统的主要任务之一是识别并消灭侵入体内的病原体，如细菌、病毒等。这些病原体拥有特定的表面特征，称为抗原。当免疫系统首次遭遇某种细菌时，它需要识别这些抗原，然后针对这些抗原产生特定的免疫细胞，即免疫杀伤细胞。这些免疫杀伤细胞能够精确地识别和消灭带有这些抗原的细菌。因此，当我们接触过某种细菌后，我们的身体就建立了对这种细菌的免疫能力。

疫苗的核心目的，就是让免疫系统能够"学习"并"记住"这些病原体的特征。疫苗通常含有经过处理的病原体或其组成部分，这些成分能够引发免疫反应，但并不会导致疾病。当疫苗被注射入人体后，免疫系统会识别其中的抗原，并产生相应的免疫杀伤细胞。这样，当真正的病原体再次侵入时，免疫系统就能迅速调动这些已经存在的免疫杀伤细胞，将它们清除出体外。

由此可见，疫苗是一种能够训练我们身体免疫系统抵抗特定疾病的方法。通过接种疫苗，我们的身体可以学会如何识别和攻击那些危险的细菌，从而预防疾病的发生。抗菌疫苗对于缺少抗生素药物的地区有极高应用价值，但是抗菌疫苗研发的成功率仍然远低于常规疫苗，研发工作面临着许多挑战。科学家需要深入了解细菌的致病机制，才能更好地设计出针对它们的疫苗。而且传统的技术手段可能无法完全满足研究者的需求，需要不断地创新和改进。

在疫苗的研发过程中，科学家们需要进行大量的实验和研究。首先要确定哪些细菌是导致感染的主要元凶，然后努力找到能够有效对抗这些细菌的成分。这个过程就像是在一片茫茫大海中寻找宝藏，需要耐心、智慧和勇气。好在科学家们已经取得了一些令人鼓舞的成果，研发出了一些针对特定细菌的疫苗，并在临床试验中证明了它们的安全性和有效性。目前，可供使用的细菌疫苗主要有肺炎链球菌疫苗、乙型流感嗜血杆菌疫苗、结核分枝杆菌疫苗和伤寒沙门氏菌疫苗等。这些疫苗就像是我们手中的新武器，有望帮助我们战胜那些耐药性细菌。

国家免疫规划儿童免疫程序表（2022 年版）（节选）

疫苗种类	接种年龄														
	出生时	1月	2月	3月	4月	5月	6月	8月	9月	18月	2岁	3岁	4岁	5岁	6岁
乙肝疫苗	1	2					3								
卡介苗	1														
脊灰灭活疫苗			1	2											
脊灰减毒活疫苗					3								4		
百白破疫苗				1	2	3				4					
白破疫苗															5
麻腮风疫苗								1		2					
乙脑减毒活疫苗								1			2				
乙脑灭活疫苗								1、2			3				4
A 群流脑多糖疫苗							1		2						
A 群 C 群流脑多糖疫苗												3			4
甲肝减毒活疫苗										1					
甲肝灭活疫苗										1	2				

注：数字代表第几次接种。

已有科学家团队开始致力于研发能够预防多种"超级耐药菌"的疫苗。他们的目标是开发出一种多联多价的疫苗，只需要接种一次，就能预防多种耐药性细菌的感染。就像是为我们的身体打造一件无敌的铠甲，让我们在面对细菌的挑战时更加从容不迫。虽然这个过程充满了挑战和未知，但科学家们始终保持着对知识的渴望和探索精神。他们相信，只要坚持不懈地努力，就一定能够找到战胜耐药性细菌的方法，为人类的健康保驾护航。

疫苗的种类

疫苗的种类繁多，其中最常见的是细菌疫苗。根据疫苗中细菌成分的不同，我们可以将其分为全细胞疫苗、减毒活疫苗和多糖结合疫苗。

全细胞疫苗是由被杀死的完整细菌制成的。这些细菌虽然已经失去了生命活动，但它们的表面抗原仍然完整，能够引发全面的免疫反应。然而，全细胞疫苗有时可能导致较强的免疫反应，甚至引发一些不良反应。

减毒活疫苗则是由毒性被减弱的活细菌制成的。这些细菌仍然具有生命活动，能够在体内繁殖，但它们的毒性已经被降低，因此不会引发疾病。减毒活疫苗的优点是能够引发更强烈的免疫反应，但也需要更为严格的生产和储存条件。

多糖结合疫苗则是由提取自细菌表面的多糖制成的。这些多糖是细菌的主要抗原之一，能够引发特异性的免疫反应。多糖结合疫苗通常与蛋白质载体结合，以增加其免疫原性。这种疫苗的优点是安全性较高，但引发的免疫反应可能较弱。

需要注意的是，疫苗提供的免疫保护并非终身有效。随着时间的推移，免疫杀伤细胞的数量和活性会逐渐降低，因此需要定期接种疫苗来维持免疫保护。此外，疫苗的保护效果还受到多种因素的影响，如接种者的年龄、健康状况、接种次数等。

传统的细菌疫苗虽然在预防传染病方面发挥了重要作用，但受到有效保护时长的限制，科学家们一直在寻求对其进行改进的方法。现代的细菌疫苗在设计和制造的多方面取得了显著进步。

科学家们运用先进的技术手段，对病原体进行了深入研究，能够精准定位病原体的关键成分。这些物质通常是病原体中的某些特定蛋白质或毒素。通过将这些关键成分作为疫苗的主要抗原，可以更加有效地触发人体的免疫反应，提高疫苗的保护效果。

传统的细菌疫苗通常使用完整的病原体或其部分作为疫苗成分，但现代疫苗则采用了更加创新的载体。这些载体可以是经过减毒的常见细菌或病毒，能够将病原体的关键抗原呈现给免疫系统，同时降低引发疾病的风险。能够促使人体对多种病原体产生抵抗能力，提高疫苗的交叉保护效果。

核酸疫苗是一种新型的疫苗类型，它利用病原体中的基因片段来触发免疫反应。这些基因片段可以编码病原体中的关键抗原，当它们被注入人体细胞后，能够在细胞内表达并合成相应的抗原，从而引发免疫反应。核酸疫苗具有高效、

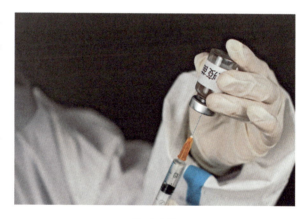

核酸疫苗

安全和可重复使用的优点，为疫苗研发开辟了新的途径。

总之，现代细菌疫苗在设计和制造上的提升为预防传染病提供了更加有效和安全的手段。当然，针对特定病原体的疫苗改进仍然面临诸多挑战，需要科学家们不断探索和创新。通过深入研究病原体的生物学特性、开发新型疫苗载体和核酸疫苗等技术手段，我们有望在未来为预防传染病提供更加高效和安全的疫苗。

卡介苗的改进与挑战

卡介苗最初是由法国科学家阿尔贝·卡尔梅特（Albert Calmette）和卡米耶·介朗（Camille Guérin）从牛身上分离出了减毒的结核分枝杆菌，他们发现减毒的结核分枝杆菌能够预防结核分枝杆菌的感染。自问世以来就在结核病预防中发挥了重要作用。紧接着，卡介苗疫苗便凭借其安全性在儿童结核病免疫中得到了广泛的应用。1974年，卡介苗在世卫组织的推动下成为结核病唯一应用于临床的疫苗。

欧洲早期大量儿童注射卡介苗

自20世纪50年代起，中国开始重视卡介苗接种工作，将其视为预防和控制结核病的重要手段。1954年和1957年，原卫生部相继发布了《接种卡介苗暂行办法》和《卡介苗接种工作方案》，为全国的接种工作提供了明确指导。在此背景下，各地积极响应，如北京市公共卫生局成立了专门工作委员会，并开展大规模接种工作，仅1958年就接种了92万人次。为确保疫苗供应，国家在北京、上海等六地建立了卡介苗制造室。至八九十年代，卡介苗接种持续推广，并最终成为国家免疫规划的一部分。这一历程不仅体现了政府对公共卫生的重视，也展现了人民对健康生活的追求，卡介苗成为预防结核病的重要防线，为保障人类健康作出了巨大贡献。

我国在1950年左右掀起了接种卡介苗的热潮

三、打铁还需自身硬

庞大的微生物世界中，细菌是数目庞大的军队成员，它们种类繁多，频频出现在与人类的争锋中。无时不在的食物污染游击战，尽是它们向人类世界进军的身影。但在微生物们长久繁殖的生存法则中，人类的食物已不足以满足它们的"野心"。人类这种较为庞大的有机体，吸引着无处不在的微生物，人类富含能量的身体，就像一座充满美味食物的城池，向周围的微生物们发出诱人的信号。

跃跃欲试的微生物们此时或许并不知道，人体岂是等闲之地，怎可任由它们闯入、随意占领而毫无抵抗之力呢？首先需要来过问人体的三道防线。

隔岸观火，静观其变

第一道防线：皮肤和黏膜

细菌们试图进入人体这座城池，首先要面临第一关的防御墙——皮肤和黏膜。这是人体的第一道免疫防线。

人体内组成复杂，有多种组织和器官，它们各司其职，有的负责领导，有的负责运输食物、循环氧气，有的则负责饮食和后勤，而皮肤和黏膜则负责抵御外敌和伤害，充当所有组织和器官的保护罩。皮肤覆盖全身的表面，是人体最大的器官，约占体重的16%。一个成人的皮肤面积约为

1.2～2.0平方米。皮肤自外向内主要由三层组成：表皮层、真皮层和皮下组织。表皮层是最外层的皮肤，表皮层的最外层是由10～20层的扁平角质细胞层层叠起，形成紧密的砖墙结构，将坚硬的碰撞、强烈阳光以及空气和环境中无时不在的微生物们隔绝在外。表皮层的最底部基底层是守卫训练营，基底层的细胞可以分裂增殖，产生新的角质细胞，不停更新最外层守卫——角质细胞。健康的皮肤细胞将在人体周围徘徊的细菌抵挡在外，无法进入人体。当细菌躲过人类日常的清洗和消毒，试图附着在人体皮肤表面并集结同伴、等待时机发起猛攻的时候，皮肤的附属器之一——汗腺，分泌的乳酸、脂肪酸，就像对细菌们喷洒了抑制生长的药水，使它们无法生长集结成细菌军团。

但其实人体并不是密不透风、完全被皮肤包裹的，我们的眼睛、口腔、鼻腔、呼吸道、消化道都是直接或间接地与外界环境接触，这些地方也成为细菌侵入人体的主要入口。细菌"乘坐"着空气中的灰尘进入鼻腔，"搭载"着巧克力、饼干进入口腔，它们以为自己躲过了皮肤无差别的拦截，找到了真正的"入口"，却突然一头撞向了一个坑坑洼洼的、不甚光滑的表面，正是黏膜拦住了这些不怀好意的外来者。细菌们在鼻腔浓密的"鼻毛森林"里迷路，还要躲避突然出现的黏膜黏液的定向攻击，许多细菌的探险之旅就此终止，形成鼻涕等被排出在外。黏膜就是鼻腔、口腔、消化道这些部位的内部保护墙。黏膜保护就不仅是物理阻拦和防御了，还附带着化学防御。如胃黏膜中含有大量强酸黏液，众多细菌是无法生存的。

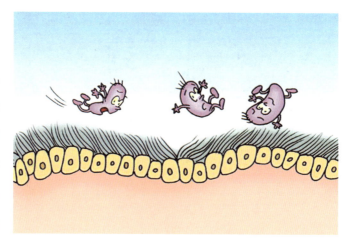

黏膜保护"重拳出击"

然而，皮肤和黏膜的防御也并非坚不可破，每日风吹雨打的城墙，大大小小的物理撞击，难免会有小的破损。摔倒的小朋友，被钉子划破手的工人，他们的真皮层破裂，没有皮肤的保护，内部组织暴露，这就给微生物们提供了可乘之机。

第二道防线：杀菌物质和吞噬细胞

第一道防线的防御力较弱的时候，就需要紧急调动第二道防线，护城军——一些拥有多种杀菌武器，可以快速到达战场的细胞以及受集结号驱使的杀菌物质和吞噬细胞们。它们分布在身体各处，巡逻并查杀遇到的一切可疑情况，包括自身衰老死亡的细胞、偷溜入人体的细菌、病毒等。

吞噬细胞是人体巡逻护城军的主要力量。它们在人体中有大、小两种，大的是游走在人类外周血中的中性粒细胞，小的吞噬细胞，又称巨噬细胞定居在各种组织和器官内。吞噬细胞像一个游走的口袋，遇到异物就会吞到自己"肚子"里，行使吞噬作用。其中巨噬细胞表面布满了病原识别受体，它们是巨噬细胞的"信号探测器"，专门识别细菌的"外衣"特征，细菌外层的脂多糖、脂磷壁酸、肽聚糖、甘露糖都是巨噬细胞扫描的重点。从胃肠道和呼吸道黏膜侵入人体的细菌，前一秒还在沾沾自喜，以为逃过了黏膜的清扫和阻拦，下一秒就迎面撞上位于黏膜下组织的巨噬细胞们，

毫无准备的细菌立即被巨噬细胞的病原识别受体识别，巨噬细胞利用病原识别受体"抓住"细菌的"外衣"，发动"近身战"。细菌黏附在巨噬细胞表面无法逃脱，接着就被巨噬细胞用囊膜裹住，吞入胞体

巨噬细胞正忙着吞噬入侵者

内，形成吞噬体。吞噬体内的细菌此时只有等死的份，吞噬体带着细菌一起运行，直到与有"万物杀手"之称的溶酶体碰撞融合，细菌会落入充满"獠牙"的环境内，多种溶酶体酶将细菌肢解，随后细菌的"尸体残骸"被囊泡运输着离开细胞。

如果皮肤"城墙"破裂，巨大的人体入口暴露在蠢蠢欲动的细菌们面前，大量细菌蜂拥而上，侵入人体。巨噬细胞们立刻从毛细血管中穿出，迅速到达病原体的侵入部位，吞噬入侵细菌，巨噬细胞的"信号探测器"一旦和细菌表面的信号分子结合，除了要将细菌吞噬进去，还将激活巨噬细胞，迅速向外发出信号，向组织求援，多种趋化因子、细胞因子和化学介质被分泌出来。巨噬细胞内多条信号通路进入"警报"激活状态，大量免疫基因活跃表达。例如，IL-1 家族的细胞因子，大量分泌会使人体发热、厌食和嗜睡，以此来抵抗病原增殖；IL-1β 激活周围的血管内皮细胞和淋巴细胞可加强局部免疫战役；大量分泌的炎性介质，白三烯、前列腺素、溶菌酶、尿激酶等会引起发炎，让身体进入免疫防御状态；IL-6 充当向上汇报的信号兵，向上级求援。淋巴细胞分泌抗体，结合武器，进行局部释放。

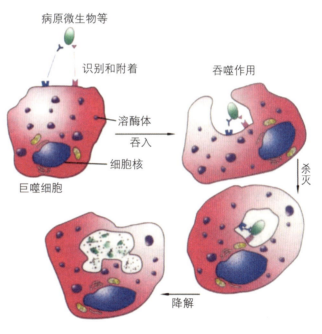

巨噬细胞吞噬病原微生物的过程

第一道防线和第二道防线是人体与生俱来的自我保护体系，它们可以抵御普通的、致病力不强的"小匪"细菌，但若要面对来势汹汹，毒力、增殖力、感染力极强的细菌"boss"，人体的两道防线就近乎崩溃，无法相抗。

第三道防线：后天免疫系统

科学放映厅

扫码了解有关破伤风的
精彩故事

破伤风梭菌是战争时期夺取士兵性命的一大"恶魔"。它们顽固生活在土壤中，以芽孢形式抵抗各种生存环境，甚至可以经历煮沸15～90分钟后依然存活。顽强的生命力似乎已经预示着这种细菌的不平凡，它们侵入生物体后，在没有氧气的地方，产生毒性极强的神经毒素。神经毒素并不在局部产生炎症反应，而是向周围扩散，侵入并损伤神经，使肌肉痉挛，甚至导致死亡。为了抵抗毒力如此特殊的细菌，人类还专门成立"专项对抗小组"。

将脱毒的破伤风毒素制成疫苗，在身体健康的时候，注入人体。外来的破伤风毒素被B淋巴细胞识别，产生针对性识别破伤风的"武器库细胞"——浆细胞。浆细胞分泌大量识别破伤风毒素的抗体，抗体与破伤风毒素结合，凝聚成"垃圾包裹"，等待吞噬细胞清理。若破伤风毒素进入细胞，躲开了血液中抗体的追捕，被感染过的细胞就会留下细菌的"痕迹"，被T细胞所识别，并对这种危险细胞进行杀伤处理。B细胞和T细胞清理完所有的毒素后，它们就要"告老还乡，光荣退休"，为了保留下自己对抗破伤风梭菌的宝贵经验，它们分化成记忆B细胞与T细胞。这些记忆B细胞和T细胞能特异性识别破伤风梭菌，在人体下一次遇到破伤风梭菌的时候，它们将会迅速反应，分化出生产抗体的浆细胞和对抗破伤风梭菌的T细胞。这种应对机制，不像人体的第一、第二道防线那样与生俱来，而是需要人体感染

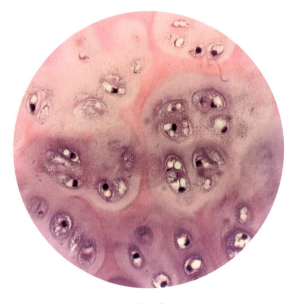

浆细胞

一些病原体，经历一些大大小小的病原感染后才能建立起来。人们现在也会提前接种一些危害力高的病原的疫苗使机体获得对抗该病原的能力，待遇到真正的病原感染时，机体便会主动对抗。

机体的这三个保护机制，使人们尽管生活在微生物无处不在的环境中，却依然健康地生活。有了这三道防线，人们面对大部分微生物时，不用费心思与它们对抗，就能让它们在人体的免疫系统中湮灭。

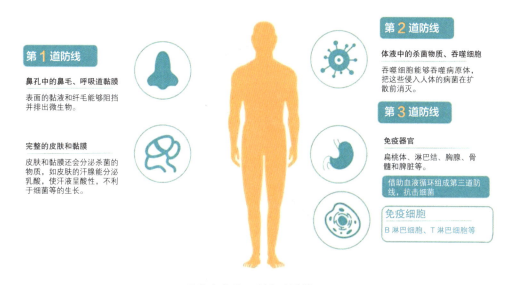

我们身体的三道免疫防线

擒贼擒王，直捣黄龙

人类在与微生物大大小小的战役中积累了丰富的战斗经验，学会了如何预防微生物入侵，如何利用自身防御能力抵抗细菌感染，并且发现了一系列抗生素对微生物进行直接杀戮。世界如此广袤，微生物世界更是无法丈量，人类与微生物的对抗并没有那般一帆风顺。在一些战役中，人类往往是"伤敌一千，自伤八百"，才能保住性命……

秋高气爽，正是享受膏肥肉美的梭子蟹的好时节。宁波有一位大叔也是爱蟹之人，在这丰收的季节，吃起了自行腌制的梭子蟹。不料，当天下午，大叔就开始高热。三天过后，大叔的右下肢从脚背到小腿出现红肿、疼痛、溃烂，并且已经开始蔓延到右膝、右大腿，十分骇人，医生尽快进行了清创手术，清除了坏掉的组织和筋膜以及含有毒素的组织液，尽可能保住了双腿的功能。这一切悲剧的源头，当然不是那只梭子蟹，而是梭子蟹携带的创伤弧菌（海洋弧菌）。

创伤弧菌还有一个更可怕的名字——食肉菌。食肉菌并非单一细菌，而是会引起"坏死性筋膜炎"的一些混合病菌，其中最常见的致病菌有化脓链球菌和创伤弧菌，除此以外还有葡萄球菌、大肠杆菌、肺炎克雷伯菌等。感染食肉菌后，典型的体征是感染局部皮肤出现红斑，并迅速向周围扩散，病

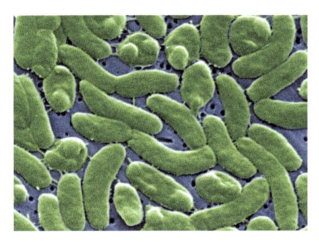

电镜下的创伤弧菌

变区与正常皮肤无明显分界，数小时到数天内，红斑会逐渐变成暗黑色或暗紫色，多个斑片融合形成大片皮肤坏疽，皮下组织大量坏死。尽管正常情况下，病变不累及肌层，但若不及时治疗，病变可能进一步蔓延至肌层，导致肌炎或肌肉的坏死。

事实上，食肉菌并非真的吃肉，而是会通过伤口入侵浅筋膜，在感染部位释放毒素，破坏人类的表皮和肌肉。它们厌氧生长，繁殖速度极快，破坏力极强。抗生素的压制并不能尽快减少人类的损伤，必须通过外科手术进行清创，切除感染部位、坏死组织，清除食肉菌入侵的筋膜，捣毁它们的老巢，减少食肉菌在人体的寄生和繁殖，才能求得最大的生机。

人类与微生物的战争，是人类的存亡之战，不可不战、不可不防、不可不察，只有掌握了微生物的"内幕"和"弱点"，人类才能在这场战争中灵活处之。

善待友"菌"，共克顽疾

在人类与各路细菌长达几千年的漫长博弈以及科学家们呕心沥血的研究过程中，我们已经对许多种细菌了如指掌并欣喜地发现，不是所有的细菌都站在人类的对立面，也有许多细菌对人类有益，是与我们息息相关并且不可缺少的"好伴侣"。接下来登场的明星细菌，近些年来受到广泛关注，在未来或许将被应用于医疗保健系统，为人类健康事业谋福祉。

首先走来的是布拉酵母菌，一种在酿造啤酒和制作面包等食品中经常大显身手的酵母。属于酵母菌门，是真菌的一员。可以利用发酵过程将葡萄糖转化为酒精和二氧化碳，为啤酒和面包的制作提供了不可或缺的帮助。

其所在的酵母菌家族是一个十分庞大的家族，早在古埃及和古巴比伦时期，人类就发现了酵母菌，并利用它们制造出美味的食物。1920年，微生物学

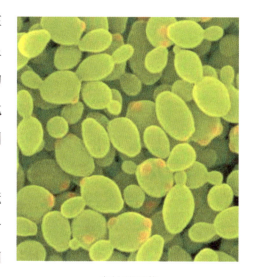

布拉酵母菌

加布拉氏来到东南亚找寻新的可用作发酵食物的酵母，意外地发现霍乱地区的人通过吃下荔枝与山竹的表皮来保护自己。于是，布拉酵母菌闪亮登场，被成功地从这些水果中分离了出来，由这位科学家用自己的名字命名——布拉酵母菌。

这是一个非常适合与人类共生的菌种，最喜欢的温度是37℃，因此人类的肠道非常适合其定植。不仅如此，布拉酵母菌也是一位营养专家，富含的营养成分包括蛋白质、各种维生素B群、矿物质等。因此被广泛用作膳食补充剂，有助于提高能量水平、改善皮肤状况、支持免疫系统和促进消化健康。

用于改善健康状况的膳食补充剂

近些年来，对布拉酵母菌的研究越来越多，人类逐渐发现其在治疗多种疾病的领域崭露头角。1994 年，发表在美国医学会杂志的科学研究表明，抗生素与布拉酵母菌的联合使用，可以使复发性艰难梭菌感染患者的复发次数减少，达到对艰难梭菌感染的二级预防。1997 年，重症监护医学杂志 *INTENSIVE CARE MEDICINE* 发现，博氏酵母菌可预防危重病人的腹泻。自此之后，科研界对布拉酵母菌的研究进入热潮。布拉酵母菌还可以通过捕获肠道中肠系膜淋巴结中的 T 细胞来抑制炎症性肠病，可以治疗自身免疫缺陷患者即 HIV 感染者的病毒相关性腹泻。

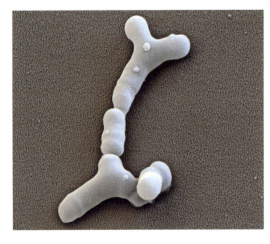

双歧杆菌（扫描电镜）

接下来介绍的双歧杆菌是一种属于益生菌家族的细菌。1899 年，法国巴斯德研究所的儿科医生 Henry Tissier，从母乳喂养的健康婴儿的粪便中分离出一种厌氧的革兰氏阳性杆菌，并发现该细菌能够治疗肠道感染相关的疾病，便从此展开了如火如荼的研究，它就是双歧杆菌。

迷你剧场

大家好，我是双歧杆菌家族的成员之一，我不仅可以合成人体需要的维生素，促进人体对矿物质的吸收，还可以产生醋酸、丙酸、丁酸和乳酸等有机酸来刺激肠道蠕动，促进排便，维持肠道内良好的微生态平衡。

当小朋友们遇到便秘或者腹泻等问题时，可以通过吃一些我家族的益生菌补充剂来增加肠道蠕动，现在市面上有许多我的身影，像乳酸菌饮品，益生菌胶囊等。

其实我们家族的细菌在大家的婴幼儿时期就已经同大家共生在一起了。大家刚出生时，由于没有经历过外界病原体的刺激，几乎是没有免疫力的。我们从大家出生时，就由母亲的产道搬迁过来进入肠道，帮助大家建立起初始免疫应答。不仅如此，在此时我还可以参与调控大家体内 T 细胞的功能，防止 T 细胞分不清楚敌我而胡乱杀戮，从而保护肠道，降低炎症性肠炎发生的概率。

第三位是我们的好朋友罗伊氏乳杆菌，它常见于人类、猪、鼠、狗、羊、牛等哺乳动物和不同鸟类的消化道。在猪、啮齿动物和鸡的肠道中，罗伊氏乳杆菌是最丰富的菌种之一，相比之下，罗伊氏乳杆菌在人体中的含量要少得多，偶尔才会发现该菌种，但罗伊氏菌在不同的身体部位都存在，包括胃肠道、泌尿道、皮肤和母乳中等，因此它可以在多个部位发挥作用。

迷你剧场

大家好，我是罗伊氏乳酸杆菌。我既拥有改善肠道环境的功能，也拥有杀灭其他有害细菌的本领。婴儿出生时，我们会随着妈妈的乳汁进入宝宝的肠道，成为最早一批定植肠道的细菌。我的代谢产物可以改变大家肠道内的 pH，有利于有益细菌的成长，帮助改善小儿腹泻等肠道问题。我也可以杀灭如白色念珠菌及胃癌的一级致癌物幽门螺杆菌等，是大家体内的保卫菌！

枯草芽孢杆菌

最后为大家介绍的是枯草芽孢杆菌，它最早是由德国微生物学家在第二次世界大战时期发现的，被用于预防士兵感染痢疾和伤寒。在肠道中，枯草芽孢杆菌可以合成纤维素酶、蛋白酶、淀粉酶等多种酶类，帮助宿主消化吸收营养物质。与此同时，该细菌的代谢产物如 B_1、B_2、B_6 等可以提高巨噬细胞的活性，增强机体免疫能力。

迷你剧场

　　大家好，我是枯草芽孢杆菌，是芽孢杆菌属的一种，广泛分布在土壤及腐败的有机物中，因为我易在枯草浸汁中繁殖而得名。说起我被大家发现的经历，还真是一个有趣的故事。在第二次世界大战时期，德国军队攻克北非时，许多士兵由于水土不服，发生了严重的痢疾，出现了可怕的腹部绞痛、眩晕、腹泻、脱水等症状，甚至会致命。于是，队医便去寻找能够治疗该疾病的方法，意外地发现当地人通过收集骆驼的粪便并吃下，可以迅速地治好这种疾病，于是我便被分离出来了，并被广泛用于治疗痢疾等疾病。

　　以上这些菌都在我们的肠道中通过多种方式帮助我们更好地生活的朋友。此外，科学家们还发现，有些细菌可以帮助我们攻克一些罕见病及肿瘤，例如老年痴呆症、结直肠癌、乳腺癌等。

　　近些年来，益生菌逐渐成为人类健康的新宠儿，保护我们的身体健康。合理地使用有益菌群，不停地探究与发现自然界中存在的其他对人体有益的菌群，终有一日可以为我们攻克一些至今无解的疾病提供助力。

共存之道，没有永远的敌人

近些年来，肠道共生菌成为科研界的新星，大家惊奇地发现，这些看似百害而无一利的细菌竟然与维持我们身体健康息息相关，那么这些细菌究竟是如何发挥作用的呢？

大家都知道的是，我们暴露在一个充满细菌的自然环境，所以我们的身体也充满细菌，而由于自身免疫系统的存在，我们可以与这些细菌维持和平的状态。从我们出生的那一刻起，我们首先接收到的便是来自母亲产道中的细菌，这也是第一波在我们身体内定植的细菌。此后，随着我们接触各种各样来源不同的细菌，有些会引发我们的疾病，而有些会与我们和平共处。那么人体中细菌最多的地方是哪里呢？没错，就是我们的肠道。在一个正常成年人的肠道中，有超过 10 万亿个细菌，是全身细胞数量的 10 倍。如此数量巨大且种类繁多的微生物们与人类长期共存，不仅没有给人类带来危害，反而是人类可以利用这群微生物的特性，帮助自己更好地生长。这究竟是怎么做到的呢？首先我们需要弄清楚的是到底有哪些细菌在我们的肠道中生存。

肠道微生物可分为 500～1000 种，根据与人类的关系可分为三种类型。第一种就是肠道共生菌，顾名思义就是在人类肠道中定植，与人类可以和谐共处的一类菌群。主要包括我们前面提到的一些拟杆菌、梭菌、双歧杆菌、乳酸杆等，现在层出不穷的益生菌产品大多数都是这几种明星菌属。比如大家常吃的益生元或益生素就是用于补充双歧杆菌

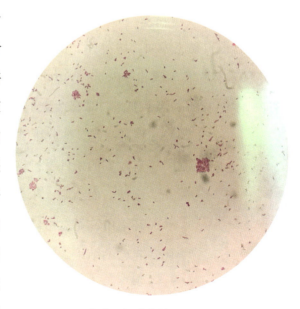

存在于肠道中的乳酸杆菌

或刺激其生长，从而使这些对人体有益的细菌生长得更好。这类细菌占据了肠道菌群的 99% 以上，一起保护着我们的肠道。

第二种叫作条件性致病菌。简单来说，就是抵抗力好的时候大家相安无事，抵抗力差的时候就会让我们生病的细菌，最常见的为球菌及杆菌，例如大肠杆菌。条件性致病菌的案例有食物中毒，2009 年某地区就发生过一起大规模的食物中毒案件，当时有超过 260 人参加了同一场婚礼，因婚宴上的食物不洁而出现恶心、呕吐、腹痛和腹泻去医院就诊。最终查明原因，是一种条件性致病菌——弗劳地枸橼酸杆菌导致的。这种细菌本来是人体肠道中的正常菌群，当机体免疫力低下时会错误地定植到其他器官，如呼吸道、伤口等，导致机体发病。

最后一种是完全致病的菌群，最常见的就是当我们吃了不干净的食物后，引发腹泻等一系列症状，比如沙门氏菌、幽门螺杆菌等。接下来我们好好地介绍一下幽门螺杆菌，这是消化道完全致病菌群的代表菌种之一。从名字便可以知道这是一种螺旋状的细菌，往往覆盖在胃黏膜表面。1979 年，澳大利亚的病理学家罗宾·沃伦（Robin Warren）在病理标本中看到了这个细菌，对它产生了浓

罗宾·沃伦

厚的兴趣。他分析了 20 多位病人的样本，发现在病理没有改变的条件下，这些病人的胃部都存在相同的螺旋状细菌。而当时，很多的科学家都不相信在 pH 如此低的环境中，竟然可以有细菌存活并导致胃溃疡。为了验证自己的结论，沃伦回到澳洲后，以自己为实验对象，喝下了一大杯含大量幽门螺杆菌的培养液。几天后，他开始腹痛呕吐。5 天后，他于清晨被痛醒，10 天后的胃镜

扫码了解有关幽门螺杆菌的
精彩故事

证实了胃炎和大量幽门螺杆菌的存在，证明了消化性胃溃疡可能会由幽门螺杆菌导致，沃伦也由此获得了诺贝尔生理学或医学奖。

在了解了这些最基本的知识后，我们不禁思考，肠道共生菌究竟会给人类带来什么好处？

其实，寄宿在人类肠道上的细菌们不会白吃白喝，它们也会努力工作，共同维持宿主的健康。我们的肠道里有 300～500 种细菌帮助我们分解吃下的食物，合成我们人体所需的重要维生素以及氨基酸。我们都知道，肠道的作用是帮助我们消化吃进去的食物，吸收营养，为身体提供能量，但实际上单凭借肠道自身是无法完全胜任这份工作的，而居住在肠道内的这群"客人"，会利用肠道的厌氧环境，将一系列难以分解的物质，如纤维素、多糖等，转变成葡萄糖、维生素、脂肪和微量元素，便于机体更好地吸收营养物质。例如抗性淀粉，只有肠道细菌才能够很好地分解，而布鲁米球菌专门分解坚硬的淀粉，并释放出短链脂肪酸，这些短链脂肪酸可以增强我们的大脑和神经元。

肠道菌群还可以保护人体的健康。一方面，大量的菌群黏附在肠壁上，为肠道穿上了一层天然的铠甲，避免肠壁与有害物质直接接触。另一方面，共生菌群会与肠道的免疫系统形成互动，刺激后者的发育，使肠道应对致病微生物的"反导系统"更加强大。举个形象的例子，在免疫系统中，T、B 细胞往往可以识别抗原，直接杀伤或分泌抗体来消灭病菌，正如在幼儿时期，我们需要打许多种疫苗来增强我们的体液免疫反应，而在肠道中，很多细菌就发挥了天然"疫苗"的作用，增强了我们对致病菌的抵抗能力。

此外，共生菌群还会直接上阵，帮助消灭致病菌。因为共生菌群与致病菌群都以肠道为生存环境，致病菌的入侵，直接侵占了共生菌群的地盘。面对这种情形，占绝对优势的共生菌自然不会答应，第一时间就会通过"菌数"优势，压制致病菌的势力，在保护自己家园的同时，也保护了人体的健康。抗生素最初的发现也正是利用了这一特性。在现代医学中，越来越多的抗生素被发现使用，如链霉素、氯霉素、四环素等，帮助治疗了许多细菌感染，如上面所提到的幽门螺杆菌的治疗。

近些年来，肠道共生菌成了科研界的热门。除了上述的作用以外，共生菌还发挥着许多大家并不知道的功能……

肥胖小鼠和正常小鼠

大家觉得一个人的胖瘦取决于什么呢？是自身基因决定的？还是吃的多少导致的？或许你难以相信，科学家们研究发现，其实肠道微生物才是决定你胖瘦的关键因素。科学家将肥胖小鼠肠道内的菌群移植到正常小鼠肠道后，惊奇地发现一直"吃不胖"的小鼠竟然体重快速增长，从一只机灵的小瘦鼠变成了憨态可掬的小胖鼠。而向肥胖的小鼠体内移植了正常小鼠肠道菌落后，肥胖小鼠的体重又得到了降低。

既然知道了肠道细菌可以调节胖瘦，科学家们便对此开展了一系列研究，希望把这些让人变瘦的菌为己所用。例如将这些菌群移植到肥胖患者的体内，以达到减重的目的，也为很多减肥的人带来了新的希望。

除了与人的胖瘦有关，细菌其实也与许多疾病的发展息息相关。一项又一项的研究结果表明，结直肠癌、糖尿病、孤独症、阿尔茨海默病等都与这群寄生在我们肠道的微生物有关。当这些菌群的数量和种类发生变化后，通常会导致这些疾病的发生。

举例来说，阿尔茨海默病（Alzheimer's disease, AD）也称老年痴呆，是一种致死性神经退行性疾病，病程可长达 20～30 年，主要表现为认知和记忆能力的降低，是痴呆症中最常见的一种形式，占所有痴呆的 60%～80%。患者除了神经系统病变，还会出现人格障碍和消化异常，往往还伴随着抑郁和焦虑水平的增加。阿尔茨海默病的发现距今已过去了一个多世纪，但目前阿尔茨海默病仍然是全球十大死亡原因之一，并且是唯一一个尚不能预防或治愈的疾病。随着人类寿命延长，老年人口数增加，阿尔茨海默病患者也越来越多。现在一些临床和实验证据

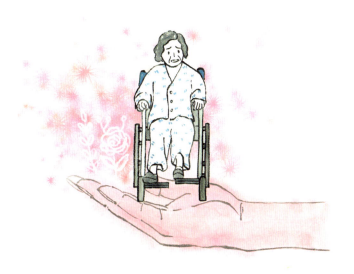

关爱阿尔茨海默病患者

都暗示，肠道菌群在神经退行性疾病的发生及发展中扮演着重要角色。科学家们在病人血液中鉴定出来的肠道细菌产生的某些蛋白质，确实可以通过改变免疫系统和神经系统之间的相互作用来引发疾病。科学家们已经在尝试从微生物入手来治疗阿尔茨海默病，通过补充特定益生菌或益生元调节"菌—肠—脑"功能，减轻大脑氧化损伤，促进神经生长，减少神经凋亡，改善焦虑和抑郁状态，从而提高认知水平。

既然自然界中有这么多的细菌对人体有好处，所以我们不应该对所有微生物都赶尽杀绝。而过去人类为了抵御有害细菌带来的危害，大肆使用抗生素，不仅导致了一系列"超级细菌"的产生，也造成了一部分有益细菌的消亡。

相信大家也已明白，"超级细菌"不是指某种特殊的细菌，而是那些对多种抗生素都具有耐药性的细菌，能够抵抗大多数现有的抗生素治疗，例如耐甲氧西林金黄色葡萄球菌（MRSA）、耐多药肺炎链球菌（MDRSP）、万古霉素耐药肠球菌（VRE）、多重耐药性结核杆菌（MDR-TB）、多重耐药鲍曼不动杆菌（MRAB）以及最新发现的携带有 NDM-1 基因的大肠杆菌和肺炎克

雷伯菌等。这类细菌的产生就是由于抗生素的滥用，每次使用抗生素后，都会对其中的耐药菌株进行一次筛选，导致细菌与抗生素之间的平衡被打破，最终使抗生素失效。

世界卫生组织（WHO）指出，抗生素滥用问题已经成为全球性的重大挑战，抗生素耐药性（AMR）每年导致数百万人的疾病和死亡。同世界其他国家相比，我国已成为抗生素使用大国，抗生素使用量占全球消耗总量的30%，远高于欧美国家。

超级细菌与抗生素的博弈究竟谁更胜一筹？

在我们日常生活中，也有很多抗生素滥用的例了，比如发烧时，很多人往往选择头孢类药物进行治疗，而大部分的发烧并不需要使用抗生素。除此之外，长期使用抗生素会杀灭肠道中许多维持我们正常生理功能的菌群，带来一系列的副作用，降低机体的抵抗力，从而引发二重感染，如出现真菌感染等。

抗生素的滥用也与肥胖息息相关，我国著名微生物学家赵立平教授长期致力于肠道微生物组与代谢健康的研究，他的研究团队发现了可以引起肥胖的人体肠道病菌，还发展了以肠道菌群为靶点的肥胖症、糖尿病营养干预方案，他的一些研究发现，接受抗生素治疗后的小鼠往往会出现体重的巨大变化，而体重的增加是由于肠道菌群失调导致的。

《吕氏春秋·义赏》中曰："竭泽而渔，岂不获得？而明年无鱼。"意思是抽干池水，捉尽池鱼的做法是不可取的，我们不能只顾眼前利益，不作长远打算，而是应该尊重自然，按客观规律办事。由此及彼，对待微生物我们也不应该赶尽杀绝。从全球生态圈来看，微生物在其中的作用举足轻重。植物作为生产者，可以利用太阳能将无机物转化为有机物，而最终有机物的代谢则依赖于分解者——微生物。

细菌作为微生物中的主力军，除了对人体的影响外，在整个生态系统中也发挥着巨大作用。细菌可以利用自身特性在生态系统中扮演分解者的角色，如枯草芽孢杆菌等。这类细菌通过在动植物的尸体或动物粪便中汲取有机物来维持生命，同时能将有机物分解成二氧化碳，简单有机物等，帮助自然界实现物质循环和能量流动。不仅如此，像根瘤菌，还可以帮助豆科植物固氮，促进生产者的生长，互利共生。

也正是由于细菌与人类不断斗智斗勇，才会促使人类科技与医学的不断发展，在不久的未来，大家一定会找到与细菌和平共处的方式，相互制约并共存，共同维持生态平衡。

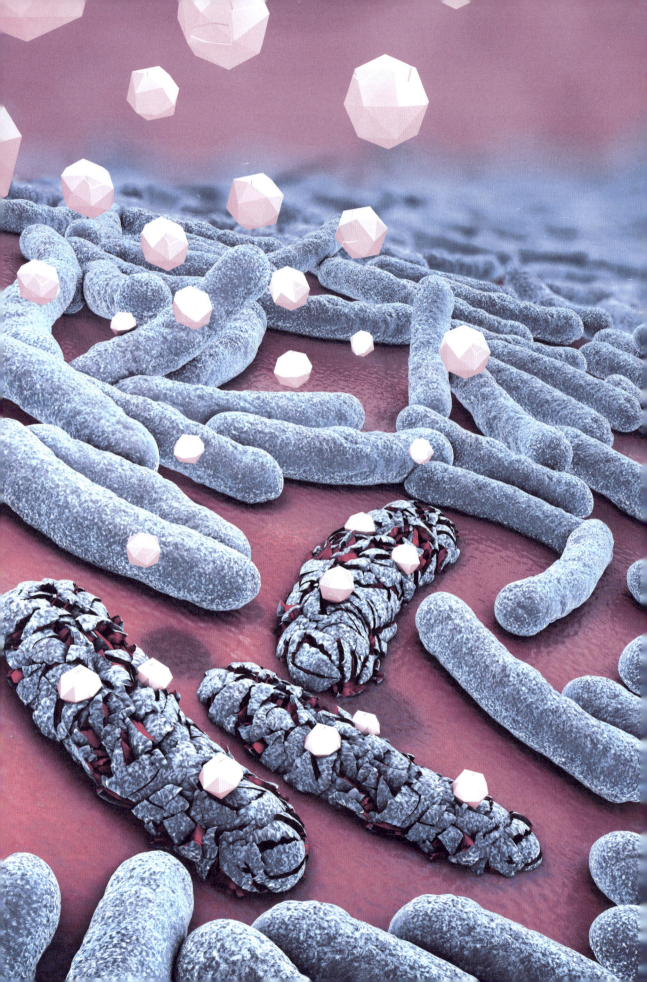

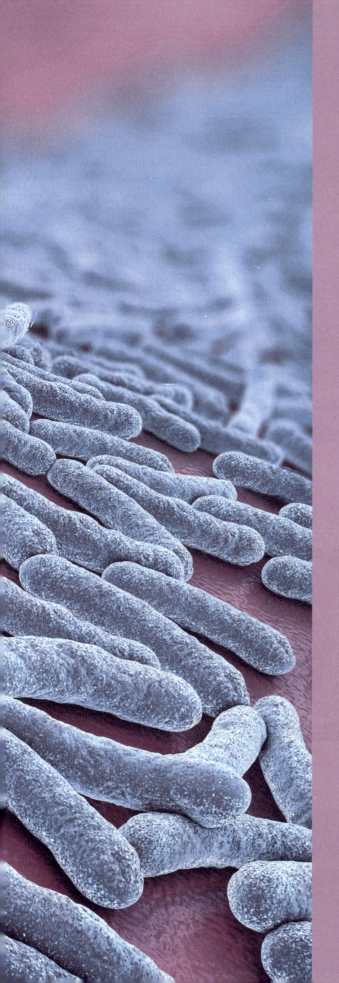

第五章

战略上藐视，战术上重视

——正确对待细菌的人类智慧

一、患常积于忽微

回顾人类与细菌的对抗史，人类长期处于"敌暗我明"的状态，因为细菌家族实在是太过微小。谁能想到阳光下飞舞的一粒小灰尘里就住着成千上万个细菌呢？直到1783年，荷兰的列文虎克制作出显微镜观察到细菌以后，人类才开启了抓细菌"现形"的新篇章。当人类可以看到各种细菌时，在惶恐、半信半疑、惊奇中逐渐了解细菌，甚至发现细菌之间或者说是微生物之间存在相互的制约关系，真应了那句"道高一尺魔高一丈"。

1874年英国科学家威廉姆·罗伯特（William Roberts）在英国《皇家学会会报》上发表了开创性论文，首次报道了真菌生长可以抑制细菌生长的论文，这一发现揭示了微生物之间相互拮抗的关系。但当时并未引起广泛关注。

细菌间的较量

1876年，约翰·廷德尔（John Tyndall）发现在霉菌和细菌的生存竞争中，霉菌通常是胜利者，这一观察为后续研究奠定了基础。1877年，巴斯德和朱伯特（Joubert）在研究炭疽病的时候就发现将大量的炭疽杆菌引入动物体内，并不会使动物感染炭疽，因为悬浮在炭疽杆菌中的液体中也含有常见的"普通细菌"。可见微生物之间存在相互拮抗的现象，从体外"培养皿"到体内"实验动物"都观察到了类似的现象。巴斯德虽然没有进一步研究这些"普通细菌"具有的保护作用，却对利用微生物之间的拮抗现象治疗疾病作了伟大预测。后来，的确有学者成功地用化脓性链球菌、肺炎链球菌、金黄色葡萄球菌和铜绿假单胞菌等治疗了感染炭疽的动物。因此在 19 世纪 80 至 90 年代出现了大量关于微生物拮抗现象的论文，所以弗莱明那个被"污染"的培养基的相关文章发表时也没有引起多大的轰动，这样看来似乎合情合理……

同时越来越多的科学家根据自己的专业优势，加入到寻找细菌天敌的事业中来了。其中最有影响力的就是德国科学家埃尔利希和带着"染料情结"的多马克，前者是发现了"606"药物的"化学疗法之父"，"606"作为一种含有砷的有毒物质，虽然对病菌有效，但毒副作用也是显而易见的。而后者发现的"红色染料"百浪多息虽然风靡一时，却在后续研究中发现抗菌的真英雄是磺胺类化合物……

这个时候，抗菌的"天选之子"青霉素终于有机会走到舞台中央了。

虽然弗莱明的论文在 1929 年发表以后没有激起多大的浪花，但是在抗菌药物研究一线工作多年的他还是敏锐地预感在其他条件成熟以后，自己的发现将会大有作为。他非常有先见之明地将这种青霉菌株定期传代保存下来，等待机会的降临，虽然这一等就差不多近十年，但最终还是等到了青霉素研究和生产的迅速推进，在 1943 年青霉素得以大规模商业化生产。

钟爱大地的瓦克斯曼在 1942 年首次提出了"抗生素"的概念，一年后的他终于从土壤中筛选出链霉素，弥补了青霉素的不足。

从此大规模筛选抗生素的时代来临了。金霉素、氯霉素、土霉素、

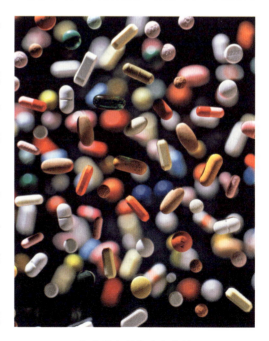

种类繁多的抗生素药物

制霉菌素、红霉素、卡那霉素等相继问世。随后人工半合成青霉素的道路也走通了，头孢菌素等也相继被开发应用。

捷报频传让人类感觉战胜细菌指日可待，毕竟在 20 世纪 50 年代，青霉素对感染葡萄球菌的治愈率几乎是 100%。没想到的是 1943 年才开始大规模应用的青霉素，在 1945 年就被发现了耐药性。等到了 20 世纪 80 年代，治愈率就下降到了 10%。细菌打脸人类真的是一点都不手软……

面对各式细菌病毒，我们究竟该如何自处?

究其原因，一方面，抗生素本质上就是一种微生物为了获得最大生存空间而压制其他微生物的工具，是微生物相互竞争的产物。不管哪种抗生素都是通过干扰细菌的正常生活来杀死细菌或者让细菌无法繁殖的。具有某种耐药性的细菌就好像是身怀绝技的高手，因为要练就耐药"武功"，需要更多的时间和资源，所以一般不如非耐药菌生长迅速、数量众多，并没有明显的生存优势。但是抗生素的使用，相当于帮助耐药菌"清理"了对手，使其成了"掌权"派。再者，细菌不是单独作战的，它们能通过繁殖后代来增加群体数量，也能通过发出特殊信号招募同伴，组成"作战团队"并分工协作，发挥各自的特长，展开花式反击：有的派出酶解特种兵直接分解抗生素；有的加固细菌被膜增强防御工程；有的改变胞膜的通透性，好比在城门口加强了盘查，防止抗生素混入；有的财大气粗装备了"外排泵系统"，看到混进城的抗生素，直接泵出去，使抗生素因数量太少而无法对抗细菌；有的细菌信息化程度高，发现抗生素要侵害自己的同伴后，赶紧从自己的耐药"武器库"中找出合适的质粒，传递给同伴来抵抗抗生素的进攻。如果传递晚了，同伴不幸被杀死了，其他细菌也会通过这次战斗了解抗生素的实力，吸取宝贵经验，等下次再狭路相逢时，抗生素只有被"虐"的机会了……

而另一方面，就是抗生素一经问世，便凭借其惊人的效果被当成了无所不能的万能药。人们不但头疼脑热时就会给自己来点抗生素，而且还没忘记给各种养殖动物来一点……更有甚者，在一些护肤品和化妆品中也违规添加了抗生素。殊不知，很多时候的头疼脑热是病毒引发的，并不需要抗生素。没有节制地给养殖动物喂食抗生素，不但会造成食源性抗生素的滥用，还会通过各种途径造成环境的污染，引发一系列问题。更何况直接与皮肤接触的护肤品中若含有抗生素，后果可想而知。

当然，人类也不会坐以待毙，和耐药菌的博弈过程中一直在积极拓宽思路、升级装备。不管是利用生物或化学手段改造、合成抗生素，还是挖掘传统天然抗菌战士如抗菌肽、噬菌体等的潜能，抑或利用细菌特点合成核酸"开关"都充满了人类的智慧。随着对微生物更加深入的了解，人类逐渐意识到不能总是"兵来将挡水来土掩"地被动抗菌，要积极利用科学

杜绝滥用抗生素

技术，发展更多实用的抗菌疫苗，防患于未然。

但与此同时我们还是不得不面对一个现实，那就是一种抗生素大量使用后的一两年就会出现相应的耐药菌，而我们人类研发出一种可以使用的药物，至少要十年。从时间竞赛上来看，人类一点也不占优势。比如能对抗对青霉素耐药的金黄色葡萄球菌的甲氧西林在 1959 年才引入临床使用，但是在 1961 年就有研究称耐甲氧西林的金黄色葡萄球菌（MRSA）出现了。直到 1972 年，万古霉素才被引入临床来对抗这种耐药菌。结果在 1988 年，耐万古霉素的金黄色葡萄球菌又出现了……

人类与细菌的博弈仍在继续

　　所以我们最终要选择的路就是提高自身免疫和合理使用抗生素，不要陷入和细菌军备竞赛的恶性循环中。因为在免疫功能正常的人体中，有正常菌群的存在，耐药菌反而不容易大量增殖。另外，耐药菌细胞内存在的抗生素分解酶等抗原分子，会激活机体的免疫系统进行免疫应答，更容易被免疫系统杀灭和清除。所以，充分发掘人体免疫系统的潜力，是人类与细菌对抗中获胜的重要保障。

　　"患常积于忽微"，世间万物本为一体，与我们共同生存的细菌并非一无是处，有的甚至是我们人体的重要伙伴，对维护人体正常的生理功能必不可少。它们可以在人体中形成一道天然的生物屏障，阻止病原微生物的黏附、增殖和侵入。它们也能参与到人体各种物质的代谢中，协助人类对营养物质的消化和吸收。它们是免疫系统的"陪练"，因为能不断刺激免疫系统，引发免疫应答，让机体获得一定的免疫力。它们也是"以毒攻毒"的实施者，尤其是肠道中的正常菌群，能对有致癌作用的亚硝胺类进行降解。

扫码了解有关疾病防治的
精彩故事

　　因此，我们要正确认识细菌，合理使用抗生素。如果不能及时遏制由于抗生素过度使用导致的耐药问题，那么，不久的将来面对"超级细菌"将会无药可用，人类有可能再次迎来类似没有抗生素的至暗时代。我们要牢牢记住，滥用抗生素，将危害所有人。进行细菌耐药防控，就是保护我们的生命健康！

二、共生互惠，休戚与共

自古以来，人类就一直在探索充满奥秘的自然界，像是勇敢的航海家，不断发现新的生命岛屿。其中，细菌这座小岛，虽然微小得很难发现，但它却在生命的海洋中扮演着举足轻重的角色。对于这位微观世界的精灵，我们需要在战术上给予足够的重视，以平等、互惠的心态去理解和对待它。

回忆一下，第一章就像是一部激动人心的探索纪录片，展现了人类如何逐步揭开抗生素的神秘面纱。从"粗心"的弗莱明发现了青霉菌的抗菌神力，到百浪多息和磺胺类药物的神奇疗效，再到瓦斯克曼找到结核的克星——链霉素。这些科学家，就像是探险家一样，用他们的智慧和勇气，为人类找到了对抗细菌感染的利器，也奠定了抗生素在医学领域的崇高地位。

扫码了解有关人类与微生物的精彩故事

然而，随着抗生素的广泛应用，人们开始深入挖掘它的工作原理。我们逐渐认识到，抗生素其实是一位深藏不露的刺客，它能刺穿细菌"坚硬铠甲"般的细胞壁，像魔术师一样让细菌"致密皮肤"般的细胞膜变得松弛，破坏其"总指挥部"，销毁蛋白工厂，甚至劫断其军粮。这些机制的揭示，就像是解锁了抗生素的密码，为抗生素的研发和使用提供了强大的理论支持。

但正所谓"物极必反"，抗生素的滥用问题也随之而来。人们似乎把抗生素当成了万能救星，无论感冒还是胃肠炎，都习惯性地依赖它。这种"大炮打蚊子"的做法，不仅让细菌逐渐变得耐药，而且也给人类健康带来了潜在威胁。

更糟糕的是，抗生素的滥用还带来了一系列副作用，比如让人牙齿变色的四环素、让皮肤发黑的多黏菌素 B，还有伤耳又伤肾的庆大霉素等。这些不良反应就像是抗生素的"黑暗面",也提醒我们使用抗生素时必须小心谨慎。

面对抗生素的压力,一些细菌就像是狡猾的狐狸,逐渐演化出耐药性,摇身一变成了让人闻风丧胆的超级细菌。它们通过直面威胁、筑起被膜、藏起"软肋"等方式来逃避抗生素的攻击。这些超级细菌的出现,不仅让对细菌感染的治疗变得更加困难,还对全球公共卫生构成了严重威胁。

面对超级细菌的挑战,我们需要不断更新抗菌药物,探索新的抗菌策略。但同时,我们也不能对细菌产生过度的恐惧和误解。因为并非所有的细菌都是有害的,它们中的一些对我们的健康和生活有着重要作用。我们需要加强对细菌及其作用的基础科学教育,让大家都能够理性地对待细菌。

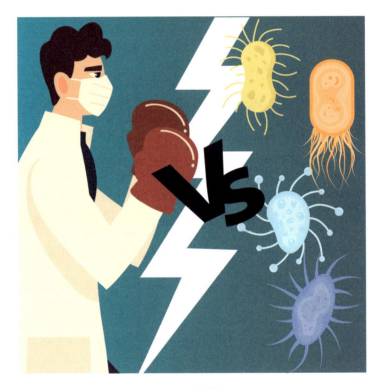

人类与细菌的博弈

细菌与我们的健康紧密相连,也与地球环境息息相关。了解并掌握细菌的相关知识,不仅有助于我们的生产生活,还有利于自然界的生态稳固。跟随本书对人类与超级细菌博弈的探险,我们可以看到抗生素的发现与使用为人类健康带来了巨大福祉，但也带来了诸多挑战。面对超级细菌的威胁，我们需要以更加谨慎和科学的态度积极应对。如果掉以轻心，超级细菌在未来可能会对现代社会具有难以估量的影响，对人类的健康产生巨大威胁。所以我们应该通过多种理性、科学的策略，与细菌实现和谐共生，维护全球的公共卫生安全。

扫码了解更多知识

参考文献

安利 . 疫苗帮助人类抵御的九种疾病 [J]. 百科知识，2016（09）：30-31.

蔡礼钊 . 四环素牙的美学修复 [C] // 中华口腔医学会口腔修复专业委员会 . 中华口腔医学会口腔修复学专业委员会第十四次全国口腔修复学学术会议论文摘要汇编 . 广州：暨南大学附属第一医院，2020：40.

陈红英，王月颖，傅思武 . 抗生素在养殖业中的应用现状 [J]. 现代畜牧科技，2019（05）：1-3.

陈明明 . 一种硝基呋喃类药物代谢物检测方法的研究 [D]. 合肥：安徽大学，2013.

陈跃 . 为啥不叫抗菌素 改称抗生素 [J]. 健康博览，2016（01）：14.

戴玮，王訢，徐绣宇，等 . 2019 年重庆某三甲教学医院细菌耐药性监测 [J]. 中国抗生素杂志，2021，46（02）：143-148.

董金和 . 中国渔业统计年鉴 [M]. 北京：中国农业出版社，2013.

董悦，王琛瑀，丁楠 . 多黏菌素 B 导致皮肤色素沉着药品不良反应的文献分析 [J]. 药学服务与研究，2021，21（06）：441-445.

杜兆林，郑彤，刘丽艳，等 . 污水处理厂中抗生素去除情况研究 [C] // 持久性有机污染物论坛 2011 暨第六届持久性有机污染物全国学术研讨会论文集 . 北京：中国化学会，2011：244-246.

高海娇，程古月，王玉莲，等 . 细菌主要外排泵及其调控蛋白研究进展 [J]. 畜牧兽医学报，2017，48（11）：2023-2033.

高敏国，朱迅，诸芸，等 . 2015—2017 年无锡市副溶血性弧菌引起的食源性疾病流行病学特征分析 [J]. 现代预防医学，2019，46（09）：1555-1558，1575.

葛苒苒，林秀芳 . 鲍曼不动杆菌医院感染危险因素分析 [J]. 中国医药科学，2021，11（16）：170-172，212.

顾芳，胡平，蔡德敏，等 . 畜禽健康养殖中抗生素应用及其替代品研究进展 [J]. 动物营养学报，2023，35（10）：6247-6256.

纪蕾，刘光涛，刘彬辉，等.一起 GI、GII 型诺如病毒混合感染疫情的病原鉴定及基因特征分析［J］.中国卫生检验杂志，2020，30（13）：1567-1570，1573.

贾江雁，李明利.抗生素在环境中的迁移转化及生物效应研究进展［J］.四川环境，2011，30（01）：121-125.

江南大学传统酿造食品研究中心.黄酒的灭菌技术［N/OL］.（2020-04-11）.https://rctff.jiangnan.edu.cn/info/1071/1765.htm.

结核病历史博物馆.卡介苗在我国的研制和接种推广工作［Z/OL］.（2020-03-18）.http://tbmuseum.cn/pf/zp-xm-0002/#gallery-669613eba543c-3.

雷霁霖.我国大菱鲆（多宝鱼）养殖现状，问题和对策［C］// 全国水产养殖研讨会论文集.青岛：青岛市大菱鲆养殖协会，中国水产科学研究院黄海水产研究所，2003.

李孝权，李钏华，邓志爱，等.广州地区七年细菌性食物中毒的病原特征研究［J］.中国卫生检验杂志，2011，21（03）：622-624，627.

李雅静，林祥梅，吴绍强，等.一株诺如病毒的 3'RACE 扩增及基因序列分析［J］.中国畜牧兽医，2008，35（08）：36-37，39-40.

李颖，杨帆.澳大利亚出现产金属 β 内酰胺酶 NDM-1 的多重耐药大肠埃希菌［J］.中国感染与化疗杂志，2011，11（02）：95.

李颖，杨帆.肯尼亚检测到产 NDM-1 的肺炎克雷伯菌［J］.中国感染与化疗杂志，2011，11（06）：470.

李玉衡.祛痘类化妆品可能诱发或加重痤疮［J］.首都医药，2006（17）：31-33.

李正.免疫系统在维持稳态中的作用［J］.新课程学习（中），2012（07）：140-141.

李志鹏，刘杨百合，吴志强.噬菌体：科学研究中的主角［J］.生命世界，2023（11）：70-75.

刘畅，沈瀚.后抗生素时代的辅助抗菌策略研究进展［J］.生物技术通讯，2020，31（06）：736-742.

刘朝晖.呼吸内科病房泛耐药鲍曼不动杆菌的耐药性与危险因素［J］.中国民康医学，2020，32（02）：106-107，113.

刘丹华，张晓伟，张翀.抗生素滥用与超级细菌［J］.国外医药（抗生素分册），

2019, 40（01）: 1-4.

刘婧娴, 俞静, 刘瑛. ST571 型产 NDM-1 肺炎克雷伯菌检出及分子流行病学研究 [J]. 上海交通大学学报（医学版）, 2015, 35（03）: 402-408.

刘述华. 流行性感冒病毒的微生物检验 [J]. 医学信息（下旬刊）, 2013, 26（04）: 521.

刘彦明, 肖洪广, 郑君德. 流感病毒的致病机理研究进展 [J]. 中日友好医院学报, 2009, 23（03）: 183-185.

马丁·布莱泽. 消失的微生物—滥用抗生素引发的健康危机 [M]. 长沙: 湖南科学技术出版社, 2016.

玛丽安·麦克纳. 餐桌上的危机 [M]. 北京: 中信出版社, 2021.

南方都市报. 砷超标 400 倍！去年以来近 50 批次祛痘化妆品被曝含禁用物 [N/OL]. 南方都市报, 2021.

潘燕兰, 黄浩, 盘珍梅, 等. 广西壮族自治区梧州市某学校一起 GⅡ型诺如病毒感染聚集性疫情的暴发调查 [J]. 疾病监测, 2023, 38（03）: 363-368.

彭晓玲. 资本刻意视而不见, 是禽畜抗生素滥用的根本原因 [N/OL]. 第一财经, 2021.

盛晨怡, 林梅, 刘丽娟, 等. 大学生青春痘发病影响因素的分析 [J]. 社区医学杂志, 2009, 7（12）: 75-76.

"食肉菌" 真会吃肉吗 [J]. 发明与创新（中学生）, 2017（Z1）: 15.

宋曼丹, 严纪文, 朱海明, 等. 不同米源副溶血性弧菌分离株的耐药性和毒力分析 [J]. 中国卫生检验杂志, 2011, 21（11）: 2785-2787.

宋洋. 农用抗生素在植物病虫草害预防及治理中的作用浅析 [J]. 农业与技术, 2012, 32（03）: 28.

孙晶, 孙森, 王小兵, 等. 2016—2020 年祛痘化妆品不合格情况分析与监管建议 [J]. 医学美学美容, 2021, 030（009）: 3-4.

田洪亮, 徐刘溢, 彭练慈, 等. 金黄色葡萄球菌病防治研究进展 [J]. 微生物学报, 2023, 63（12）: 4441-4450.

万根平, 黄勇, 邓秋连, 等. 儿童肠道感染致病性大肠埃希菌血清型分布及耐药性研究 [J]. 实用医学杂志, 2010, 26（02）: 310-311.

汪文博，王冠男，蔡莎莎．抗菌肽的抗生物膜机理研究进展［J］．生物工程学报，2020，36（07）：1277-1282．

王彩霞，史喜菊，冯春燕，等．诺如病毒的流行、诊断与防控建议［J］．质量安全与检验检测，2023，33（03）：32-38．

王劭．A型流感病毒复制过程的研究进展［J］．中国预防兽医学报，2023，45（07）：761-768．

王湘如，赵月，冯家伟，等．欧盟禁用饲料药物添加剂的历史和法规［J］．中国兽药杂志，2019，53（06）：72-79．

伍亚云，黄勋．噬菌体治疗细菌感染的研究进展［J］．中国感染控制杂志，2021，20（02）：186-190．

向发华．四环素的毒性（综述）［J］．中国药学杂志，1965（07）：330．

晓杰．变质的肉汤［J］．阅读，2018，（78）：42-43．

辛文文，王景林．梭菌神经毒素的研究进展［J］．生命科学，2016，28（01）：1-11．

辛翔飞，张怡，王济民．中国肉鸡产业经济问题研究综述［J］．世界农业，2016（02）：174-178．

邢政渭．抗菌新药—利奈唑胺［J］．医药导报，2004，23（07）：505-507．

徐丁丁．二战期间美国青霉素生产的工业化［C］//第三届北京科史哲研究生学术论坛论文集．北京：中国科学院自然科学史研究所，2012．

许婷婷．浅谈抗生素治疗牛、羊细菌性疾病［J］．畜禽业，2020，31（11）：97，99．

亚当森．科学与医学划时代的发明发现——达尔文和进化论，巴斯德和巴氏灭菌法，居里夫人和放射性元素，索尔克和脊髓灰质炎疫苗，牛顿和万有引力定律［M］．北京：龙门书局，2010．

杨宝芹．多宝鱼药残严重超标的背后［J］．渔业致富指南，2007，（06）：7-8．

杨锦平，张现明，郑定容．鲍曼不动杆菌感染情况及耐药性分析［J］．中国当代医药，2021，28（18）：141-145．

姚慧靖，车志教，温微微，等．食物来源和食源性疾病来源的副溶血性弧菌的生物学特性比较研究［J］．中国食品卫生杂志，2018，30（02）：143-145．

姚天爵.抗细菌抗生素筛选方法的研究［J］.国外医药（抗生素分册），1995，（01）：1-4，41.

于洋，方亮星，周宇峰，等.畜牧业发展中抗菌药应用的"利"与"刃"［J］.中国科学院院刊，2019，34（02）：152-162.

张静，常昭瑞，孙军玲，等.我国诺如病毒感染性腹泻流行现状及防制措施建议［J］.疾病监测，2014，29（07）：516-521.

张平梅.皮肤黏膜——人体免疫的第一道防线［J］.人人健康，2001，（06）：57.

张彦霞，乔海霞，张玉妥.流感嗜血杆菌耐药性的研究进展［J］.河北北方学院学报（自然科学版），2018，34（08）：51-53.

赵孟源，杨丽，孙婷，等.2017—2021年山东省济南市食源性疾病病原菌种类及分布情况分析［J］.预防医学论坛，2023，29（04）：273-277.

中华人民共和国卫生部.多重耐药菌医院感染预防与控制技术指南（试行）［J］.中国危重病急救医学，2011，23（02）：65.

周洁.挽救法国制酒业的"巴氏消毒法"［N］.新民周刊，2023（61）.

祝仲珍，胡新华，王占科，等.神经外科ICU患者鲍曼不动杆菌感染和耐药性［J］.实验与检验医学，2020，38（01）：108-109，151.

邹新元.青霉素的发明与历史功勋［J］.中华医史杂志，2005，35（04）：237.

Aimee E. Belanger, Melissa J. Clague, John I. Glass, et al.Pyruvate Oxidase Is a Determinant of Avery's Rough Morphology［J］. Journal of Bacteriology, 2004, 186 (24): 8164-8171.

Alice Aerchère, Isabelle Broutin, Martin Picard. Photo-induced proton gradients for the in vitro investigation of bacterial efflux pumps［J］. Scientific Report, 2012, 2 (1): 306.

Andie S. Lee, Hermínia de Lencastre, Javier Garau,et al. Methicillin-resistant Staphylococcus aureus［J］. Nature Reviews Disease Primers, 2018, 4 (1): 18033.

Anne-Sophie Vézina Bédard, Elsa D M Hien, Daniel A Lafontaine. Riboswitch regulation mechanisms: RNA, metabolites and regulatory proteins［J］. Biochimica et Biophysica Acta (BBA)-Gene Regulatory Mechanisms, 2020, 1863 (3): 194501.

Antimicrobial Resistance Collaborators. Global burden of bacterial antimicrobial resistance in 2019: a systematic analysis ［J］. Lancet, 2022, 399 (10325): 629－655.

Babu A. Manjasetty, Andrei S. Halavaty, Chi-Hao Luan, et al. Loop-to-helix transition in the structure of multidrug regulator AcrR at the entrance of the drug-binding cavity ［J］. Journal of Structural Biology, 2016, 194 (1): 18－28.

Betsey Pitts, Martin A. Hamilton, Nicholas Zelver, et al. A microtiter-plate screening method for biofilm disinfection and removal［J］. Journal of Microbiological Methods, 2003, 54(2): 269－276.

Bingdong Zhu, Hazel M. Dockrell, Tom H.M. Ottenhoff, et al. Tuberculosis vaccines: Opportunities and challenges ［J］. Respirology, 2018, 23(4): 359－368.

Briles DE, Paton JC, Mukerji R, et al.Pneumococcal Vaccines ［J］. MicrobiolSpectr, 2019, 7 (6): 10.

Bronwyn E Ramey, Maria Koutsoudis, Susanne B von Bodman, et al. Biofilm formation in plant-microbe associations［J］. Current Opinion in Microbiology, 2004, 7(6): 602－609.

Carlos Martínez-Salgado, Francisco J. López-Hernández, José M López-Novoa. Glomerular nephrotoxicity of aminoglycosides ［J］. Toxicology and Applied Pharmacology, 2007, 223 (1): 86－98.

Cédric Dananché, Gláucia Paranhos-Baccalà, Mélina Messaoudi, et al. Serotypes of Streptococcuspneumoniae in Children Aged<5 Years Hospitalized With or Without Pneumonia in Developing and Emerging Countries: A Descriptive, Multicenter Study ［J］.Clinical Infectious Diseases, 2020, 70 (5): 875－883.

Charles Feldman, Ronald Anderson. Review: Current and new generation pneumococcalvaccines ［J］. Journal of Infection, 2014, 69 (4): 309－325.

Charles Feldman, Ronald Anderson.Recent advances in the epidemiology and prevention of Streptococcus pneumoniae infections ［J］. F1000 Research, 2020, 9(F1000 Faculty Rev): 338.

Clark Lawlor. Carolyn A. Day, Consumptive Chic: A History of Beauty, Fashion, and Disease［J］. Social History of Medicine, 2018, 31 (4): 885－886.

Ditte Høyer Engholm, Mogens Kilian, David S Goodsell, et al.A visual review of the human pathogen Streptococcus pneumoniae [J]. FEMS Microbiology Reviews, 2017, 41 (6): 854－879.

Dudley H. Williams. The glycopeptide story — how to kill the deadly 'superbugs' [J]. Natural Product Reports, 1996, 13 (6): 469－477.

Emily J Marsh, Hongliang Luo, Hua Wang. A three-tiered approach to differentiate Listeria monocytogenes biofilm-forming abilities [J]. FEMS Microbiology Letters, 2003, 228 (2): 203－210.

Erika R. Sams, Marvin Whiteley, Keith H. Turner. The battle for life: Pasteur, anthrax, and the first probiotics [J]. Journal of Medical Microbiology. 2014, 63 (11): 1573－1574.

Flávia Rossi, Lorena Diaz, Aye Wollam, et al. Transferable Vancomycin Resistance in a Community-Associated MRSA Lineage [J]. New England Journal of Medicine, 2014, 370 (16): 1524－1531.

G. C Knight, R.S Nicol, T. A McMeekin. Temperature step changes: a novel approach to control biofilms of Streptococcus thermophilus in a pilot plant-scale cheese-milk pasteurisation plant [J]. International Journal of Food Microbiology, 2004, 93(3): 305－318.

GBD 2019 Antimicrobial Resistance Collaborators. Global mortality associated with 33 bacterial pathogens in 2019: a systematic analysis for the Global Burden of Disease Study 2019 [J]. Lancet, 2022, 400 (10369): 2221－2248.

GM Shepherd. Hypersensitivity reactions to drugs: evaluation and management [J]. The Mount Sinai Journal of medicine, New York. 2003, 70 (2): 113－125.

Gulten Tiryaki Gunduz, Gunnur Tuncel. Biofilm formation in an ice cream plant [J]. Antonie van Leeuwenhoek, 2006, 89(3－4): 329－336.

H Hong, C Budhathoki, J E Farley. Increased risk of aminoglycoside-induced hearing loss in MDR-TB patients with HIV coinfection [J]. International Journal of Tuberculosis and Lung Disease, 2018, 22 (6): 667－674.

Hans G. Boman. Antibacterial peptides: Key components needed in mmunity [J]. Cell,

1991, 65 (2): 205−207.

Humberto Barrios, Ulises Garza-Ramos, Fernando Reyna-Flores, et al. Isolation of carbapenem-resistant NDM−1−positive Providencia rettgeri in Mexico［J］. Journal of Antimicrobial Chemotherapy, 2013, 68(8): 1934−1936.

Janine Lamar, Michael Petz. Development of a receptor-based microplate assay for the detection of beta-lactam antibiotics in different food matrices［J］. Analytica Chimica Acta, 2007, 586 (1−2): 296−303.

Jiying Xiao, Lin Su, Shumin Huang, et al. Epidemic Trends and Biofilm Formation Mechanisms of Haemophilus influenzae: Insights into Clinical Implications and Prevention Strategies［J］. Infection and Drug Resistance, 2023, 16: 5359−5373.

Jo Marchant. When antibiotics turn toxic［J］. Nature, 2018, 555 (7697), 431−433.

John W. Newman, Rachel V. Floyd, Joanne L. Fothergill. The contribution of Pseudomonas aeruginosa virulence factors and host factors in the establishment of urinary tract infections［J］. FEMS Microbiology Letters, 2017, 364(15): 1−11.

Karen P H Mattos, Isabela R Gouvêa, Júlia C F Quintanilha, et al. Polymyxin B clinical outcomes: A prospective study of patients undergoing intravenous treatment［J］. Journal of Clinical Pharmacy and Therapeutics, 2019, 44 (3): 415−419.

KJ Seung, S Keshavjee, ML Rich. Multidrug-Resistant Tuberculosis and Extensively Drug-Resistant Tuberculosis［J］. Cold Spring Harbor Perspectives in Medicine, 2015, 5 (9): 17863.

Laurence Brunton, Björn Knollmann. Goodman and Gilman's the pharmacological basis of therapeutics, 14th Edition［M］. Medical, 2022.

M Finland. Emergence of antibiotic resistance in hospitals, 1935−1975［J］. Review of Infectious Diseases, 1979, 1 (1): 4−22.

Martin Vestergaard, Dorte Frees, Hanne Ingmer. Antibiotic Resistance and the MRSA Problem［J］. Microbiology Spectrum, 2019, 7 (2).

MP Lechevalier, H Prauser, DP Labeda, et al. Two New Genera of Nocardioform

Actinomycetes: *Amycolata* gen. nov. and *Amycolatopsis* gen. nov [J]. International Journal of Systematic and Evolutionary Microbiology, 1986, 36 (1): 29－37.

O'Neill J. Tackling drug-resistant infections globally: final report and recommendations [J]. Review on Antimicrobial Resistance, 2016.

OA Sogebi, BO Adefuye, SO Adebola, et al. Clinical predictors of aminoglycoside-induced ototoxicity in drug-resistant Tuberculosis patients on intensive therapy [J]. Auris Nasus Larynx, 2017, 44 (4): 404－410.

P Sensi. History of the Development of Rifampin [J]. Reviews of Infectious Diseases, 1983, 5 (3): S402－S406.

Paula Blanco, Sara Hernando-Amado, Jose Antonio Reales-Calderon, et al. Bacterial multidrug efflux pumps: Much more than antibiotic resistance determinants [J]. Microorganisms, 2016, 4 (1): 14.

Peter A. Lawrence. Rank injustice [J]. Nature, 2002, 415 (6874): 835－836.

Preeti Chhabra, Miranda de Graaf, Gabriel I Parra, et al.Updated classification of norovirus genogroups and genotypes [J]. Journal of General Virology, 2019, 100(8): 1393－1406.

Ramisetty BCM, Sudhakari PA. Bacterial 'grounded' pro-phages: hotspots for genetic renovation and innovation [J]. Frontiers in Genetics, 2019, 10: 65－81.

Ruiz, Cristian, Stuart B. Levy. Regulation of acrAB expression by cellular metabolites in Escherichia coli [J]. Journal of Antimicrobial Chemotherapy, 2014, 69 (2): 390－399.

Saeed Ahmed, Jianan Ning, Guyue Cheng, et al. Receptor-based screening assays for the detection of antibiotics residues-a review [J]. Talanta, 2017, 166: 176－186.

Sara Hernando-Amado, Paula Blanco, Manuel Alcalde-Rico, et al. Multidrug efflux pumps as main players in intrinsic and acquired resistance to antimicrobials [J]. Drug Resistance Updates, 2016, 28: 13－27.

Songyin Huang, Xiaoqiang Liu, Weisi Lao, et al. Serotype distribution and antibiotic resistance of streptococcus pneumoniae isolates collected at a Chinese hospital from 2011 to 2013 [J]. BMC Infectious Disease, 2015, 15 (1): 312－321.

Subramanian K, Henriques-Normark B, Normark S.Emerging concepts in the pathogenesis of the Streptococcus pneumoniae: From nasopharyngeal colonizer tointracellular pathogen ［J］. Cellular Microbiology, 2019, 21 (11): e13077.

Sylvain Lesné, Ming Teng Koh, Linda Kotilinek, et al. A specific amyloid-β protein assembly in the brain impairs memory ［J］. Nature, 2006, 440(7082): 352－357.

TH Schmidt, M Raunest, N Fischer, et al. Computer simulations suggest direct and stable tip to tip interaction between the outer membrane channel TolC and the isolated docking domain of the multidrug RND efflux transporter AcrB ［J］. Biochimica et Biophysica Acta(BBA)-Biomembranes, 2016, 1858 (7): 1419－1426.

Tom vander Poll, Steven M Opal.Pathogenesis, treatment, and prevention of pneumococcal pneumonia ［J］.Lancet, 2009, 374 (9700): 1543－1556.

Van Houdt, Rob, Chris W. Michiels. Role of bacterial cell surface structures in Escherichia coli biofilm formation［J］. Research in Microbiology, 2005, 156(5－6): 626－633.

Wafaa Jamal, Vincent O. Rotimi, M. John Albert, et al. High prevalence of VIM－4 and NDM－1 metallo－β－lactamase among carbapenem-resistant Enterobacteriaceae［J］. Journal of Medical Microbiology, 2013, 62(Pt8):1239－1244.

William Kingston. Streptomycin, Schatz v. Waksman, and the balance of credit for discovery［J］. Journal of the History of Medicine and Allied Science, 2004, 59 (3): 441－462.

World Health Organization. Global antimicrobial resistance and use surveillance system (GLASS) report: 2022, 2022.

Yoay Adam, Naama Tayer, Dvir Rotem, et al. The fast release of sticky protons: Kinetics of substrate binding and proton release in a multidrug transporter ［J］. Proceedings of the National Academy of Sciences, 2007, 104 (46): 17989－17994.

Yong Fan, Oluf Pedersen. Gut microbiota in human metabolic health and disease ［J］. Nature Reviews Microbiology, 2021, 19 (1): 55－71.

我眼中的超级细菌
——「微生物绘画大赛」
获奖作品展示（部分）

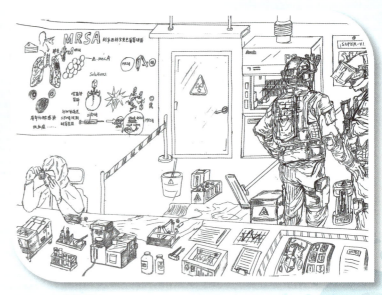

▲ 居恒辉

▲ 魏瑞萱

▲ 贺美琪

▲ 虞偲嫊

▲ 周沁然

▲ 张敬亭

▲ 於玥妮

▲ 张雨桐

▲ 马烨蒜

▲ 陈雨嘉

▲ 张芷榶

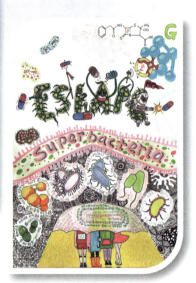

▲ 吴悠

▲ 史雨卉

▲ 王悦兮

▲ 张妍元

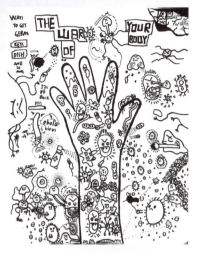

▲ 艾好帅

▲ 常以馨

▲ 勾安妮

◀ 张启灵

◀ 於凌玥

◀ 冯芊凝

◀ 王子宸

◀ 於乐远

扫码欣赏更多作品

图书在版编目（CIP）数据

失控的细菌：人类与超级细菌的博弈 / 中国科学院
上海免疫与感染研究所编著 . —上海：上海教育出版社，
2025.6
（发现微生物）
ISBN 978−7−5720−2632−4

Ⅰ. ①失⋯ Ⅱ. ①中⋯ Ⅲ. ①细菌−普及读物 Ⅳ.
① Q939.1−49

中国国家版本馆 CIP 数据核字（2024）第 078414 号

策划编辑 黄 伟 李 祥
责任编辑 李宏悦 沈明玥
特约编辑 杨 瑜
装帧设计 蒋 妤

"发现微生物"丛书
失控的细菌——人类与超级细菌的博弈
中国科学院上海免疫与感染研究所 编著

出版发行 上海教育出版社有限公司
官　　网 www.seph.com.cn
地　　址 上海市闵行区号景路159弄C座
邮　　编 201101
印　　刷 上海盛通时代印刷有限公司
开　　本 787×1092 1/16 印张 15.25
字　　数 216千字
版　　次 2025年6月第1版
印　　次 2025年6月第1次印刷
书　　号 ISBN 978−7−5720−2632−4/G·2323
定　　价 88.00元

如发现质量问题，读者可向本社调换 电话：021-64373213